# 跨平台的视觉设计
# 版式设计原理

【日】佐佐木刚士 风日舍 田村浩 著 羊曰 汉

電子工業出版社

**Publishing House of Electronics Industry**

北京·BEIJING

# Contents

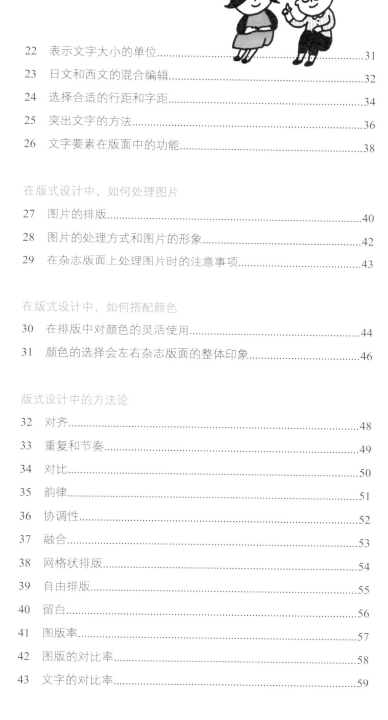

## 2 从实例学排版......61

# 开始！

易于阅读的版式是什么样的？

易于理解的版式是什么样的？

看起来很酷的版式是什么样的？

版式设计从哪里开始比较好？

有着这样烦恼的你，

请跟我们一起来学习吧，

通过这本书共同学习、共同进步！

**小狗**
总是跟女孩一起，胖嘟嘟的，有时还会用两条腿走路。

**新手设计师**
立志成为设计师的女孩，以成为一个优秀的设计师为目标，每天都在学习设计。

**小猫**
跟小狗是好朋友，有时会睡着，有时又会一下子伸个懒腰。

**前辈**
AD，女孩工作的设计事务所的前辈。短裤＋条纹T恤衫是这个人的标志。

登场人物介绍

# 1

# 排版的基础理论

进行版面、文字、图画、留白、平衡、框架等版式设计前，
首先要把排版的基础知识和相关理论总结一下。

# 什么是排版

排版就是把文字、插图和照片等各种信息，整理得更有条理，易于人们阅读和理解，并在一定的版面里排列的技术。

## 排版设计的作用

排版，不仅是印刷出版物，也是网页和电子书等一切传达信息的工具不可或缺的技术。只要有文字，就需要考虑与字数和内容相适应的、易于阅读的字号和字体。对于照片等图片的排版，需要考虑图片数量和图片大小，决定图片的位置和图片间的空白。

因此，通过组合文字和图片，使得整体版面达到易于人们阅读和理解的技术就是排版。从广义角度说，"设计"也包含在排版中。它也是为表现出精心准备的素材的魅力，引导读者而不可或缺的技术。可以说排版是一项非常重要的工作。

文字　插图　照片　表格/地图

把信息整理成易于人们理解的形式进行传达。

大小？ 颜色？ 字体？　嗯嗯　纵向？横向？ 面向谁？ 媒体形式？

呼呼　大得价セール　スーパーマルヤス　广告单

嘿！　杂志广告

ハワイへ行こう！　海报　原来如此

# 排版包括什么

传递信息的方法有很多。如果说有适用于所有信息传递的通用技巧，那么肯定也有适用于不同场合的特殊规则。理解不同排版对象的特性，是学会排版的第一步。

## 不同媒体的排版特征

### 杂志、宣传画册

在仅有几页纸的版面里插入多张照片和插图，属于杂志和广告画册等出版印刷物。为了能一翻开就到达一目了然的效果，通常将其排版为"跨页"（翻开书或杂志时占左右两页）。在此基础上，所有的版面一般都以"开本"的形式灵活安排。

满是照片和插图。

### 书籍

以文字为中心的出版物统称为书籍。除了封面部分外，书的主体内容通过"文本排列"的形式排版。为了能让读者集中精力阅读，排版时需要注意规则性。

以文字为中心。

### 宣传画、海报、小册子、DM、名片

商业广告等宣传单，需要把尽量多的信息放在一张纸上，排版时要注意。例如报纸上折叠起来的宣传画，一张纸的版面要插入很多图片，名片则没有图片，只有文字。面对各种各样的载体，需要了解其相应的特征和用途。

一张纸承载所有信息。

### 网页智能手机和平板电脑上的画面

网页不像纸质媒体一样拥有固定的空间，这是排版时需要注意的特征。在排版前需要设想读者使用的终端（比如计算机、智能手机和平板电脑），预设其画面空间。同时，还要考虑画面移动和滚动的情况，分情况处理信息。加上基本的排版技巧，对内容整体进行结构设计是有必要的。

滚动画面看一看！

了解编辑内容是排版的第一步！

# 3

## 进行排版的方法

无论是纸质印刷物还是网页等媒体，负责各个制作工序的设计者的任务都不一样，这是排版合作的基础。进行排版的时候，了解策划和排版的整个工作流程是必要的。

### 交流很重要

排版不是就给定的素材机械地进行排列。在什么媒体上刊载了哪些内容，是首先需要了解的。因此，在理想状态下，负责策划的编辑和负责前期制作的责任人需要进行紧密的合作。最后，设计师应与出版方明确最终形式，如果出版纸质印刷物，就应该与印刷厂沟通；如果是网络媒体，就应该与网站负责人沟通。为了顺利地完成排版工作，要以礼貌的沟通为纽带，追求高效的网络协作。

如果是第一次跟出版方合作，与对方面谈比较理想。

编辑的内容、媒体的形式和针对的读者都是需要确认的基本信息，也不要忘记交稿日期和订金。

排版时，对收到的文字和图片内容需要全部确认一遍，理解内容，然后思考与之相对应的排版方式。

需要先大致画出草图。根据个人喜好可以选择手绘或计算机绘图。这个阶段，有时也需要与出版方商量。

哪怕是单页、单张的作品，也要使用与作品终稿和电子版格式相符的工具进行排版。

经过出版方的确认和修改，稿件就完成了。把自己排版后的作品发给很多人分享，这种快乐是很特别的。

# 4

# 能传递信息的排版方式

不管多么优秀的内容，如果无法表现出来，就没有意义。也就是说，因为排版方式的不同，信息的价值也会产生很大变化。

## 比较一下

### ▨ 没有经过设计的排版

#### 幼儿英语会话教室

#### 4 月开班招生中

幼儿英语会话学校，以 5 岁到 9 岁的儿童为对象，通过各种各样的体验和游戏，让孩子处于一个英语会话环境。比如，用英语唱歌、跳舞，以及看英语绘本和玩英文字牌。在游戏的同时，记住各种各样的单词和短语等。难道您不想把终身实用的地道英语当作礼物，送给您的孩子吗？

大家一起唱歌、跳舞，自然地学习英语的课程。

用有趣的绘本引起孩子的好奇心，让孩子快乐地学习英语。

因为有很多外籍教师，能够让孩子学到标准的发音。

难读

因为没有选择与内容对应的字体，排版的方法也不对，所以非常难读。此外，图的大小和位置也没有挑好，使得读者都不知道看哪儿好，增加了读者阅读的负担。

### ▨ 经过设计的版式

#### 幼儿英语会话教室

#### 4 月开班招生中

幼儿英语会话学校，以 5 岁到 9 岁的儿童为对象，通过各种各样的体验和游戏，让孩子处于一个英语会话环境。比如，用英语唱歌、跳舞，以及看英语绘本和玩英文字牌。在游戏的同时，记住各种各样的单词和短语等。难道您不想把终身实用的地道英语当作礼物，送给您的孩子吗？

大家一起唱歌、跳舞，自然地学习英语的课程。

用有趣的绘本引起孩子的好奇心，让孩子快乐地学习英语。

因为有很多外籍教师，能够让孩子学到标准的发音。

好读

文本和图片被放在了版面中央，显得很协调。标题和正文的字体和大小也选得很好，重点突出，能让人很顺畅地读下来。图片跟文字配合得也很好，理解起来很容易。

# 5

## 思考如何分割画面

具体到如何开始排版时，从哪里入手比较好？
首先，要思考在限定了排版要素的版面中，如何把这些要素都集合到纸面上。

画面
是啥呀？

### 一张纸上要排列多个要素

为了提高排版的效率，在纸面中要相应地放入多个要素，这就需要思考一张纸要分成几个部分。"标题""正文"和"说明文字"这样的文字部分，和图片的数目对应，一张纸会被分成3部分、4部分，甚至分成更多部分。

划分版面，比如确定哪一部分会占更多的版面，必须考虑要素的数量和媒体的用途。接下来，让我们来看一下标题、正文、主图+说明文字的三分法案例和标题、引人注意的广告词、正文、说明文字的四分法案例。

### 三分法：①标题②正文③主图＋说明文字

［三分法的纵向排版］

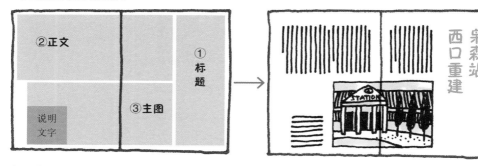

"标题"要摆在醒目的位置。剩下的空间就平分成"正文"和"主图＋说明文字"两部分。

实际上，横向三分法的版式是这样的。

［三分法的横向排版］

正文要保证一页纸的版面，"标题"和"主图＋说明文字"就排在剩下的一页。

实际上，横向三分法的版式是这样的。

四分法：①标题②引人注意的广告词③正文④主图

［标题 + 引人注意的广告词］

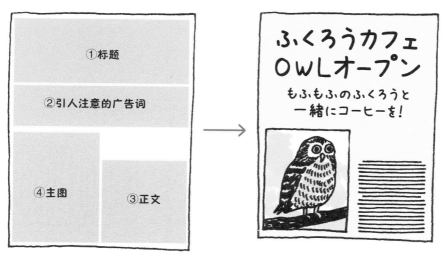

"标题"和"引人注意的广告词"各占版面的一半。

实际上，纵向四分法是这样的。排版时要突出文字。

［主图］

纸面排版变化了，主图的位置和大小也会发生变化。

这样排版，读者就能一下子看到最上面的图片了。

像这样排版，读者就能首先看到主图了。划分版面的优势在于，通过改变各个部分的大小，很容易确定文字和图片在版面中的位置。

# 6

首先需要知道的

## 引导视线的方法

在纸媒和屏幕前，我们需要移动视线才能通过文字和图片获得信息。
排版的功能就在于出色地引导读者的视线。

### 阅读杂志的时候，读者的视线是怎样移动的？

读者在阅读文字的时候，眼睛会跟着文字一行一行地去读。日语分横向和纵向两种排列方法，相应地，读日语的时候，读者的视线也会按照横向和纵向两种方向移动。读纵向排版的文字时，视线就会从上往下纵向移动。看完一行后读者的视线会向左移动一行。也就是说，纵向排版的基本准则是，不要妨碍读者的视线"从右上向左下方移动"。给图片等元素排版的时候，也要按照读者的习惯，从右上向左下方的顺序排版。

◤ 纵向阅读时的视线移动方向

右侧装订　　　　向右翻开

纵向排列的出版物是"右侧装订和向右翻开"，视线从右上方朝左下方移动，标题和图片也应该在视线移动方向上。实际上，排版是随机应变的，标题可以放在下面，醒目的照片也可以不受视线移动方向的限制。

◤ 纵向阅读时的视线移动方向

左侧装订　　　　向左翻开

横向排列的出版物是"左侧装订和向左翻开"。阅读正文时，读者视线会从左上方朝右下方移动。这跟单张印刷物的排版是一样的。比起纵向排版，横向排版能更方便读者阅读，横向排版的规则性更强。

嘿

在排版时，视线的移动是很关键的哟！

## 纵向/横向混合式排版时的视线移动方向

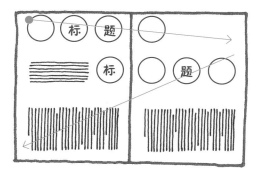 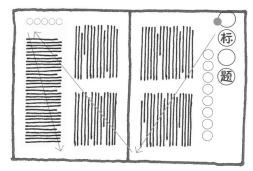

纵向排版的一个好处是，在一个合页的纵向版面中同时也能兼容横向排版。这样可以将引人注意的标题横向排列，把照片的说明文字横向排版。

若同时存在横向和纵向两种排版方式，读者在阅读"跨页"的时候，视线通常是"从右上朝左下"。为此，如果在合页的右上方有一个横向排版的栏目，对读者来说就会造成阅读上的困扰，让读者不知道该从哪儿开始读。

## 通过图片引导视线

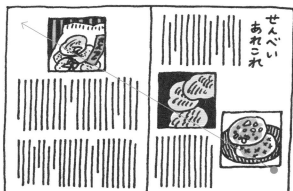

都不知道从哪儿开始看。

左侧以纵向排版为中心的版面中，图片没有按照"从右上方朝左下方"的方向排列。这样一来，读者都不知该从哪儿开始看。正文段落的排版也不统一，读起来也不顺畅。如果没有特殊的要求，应该避免隔断视线的情况出现。

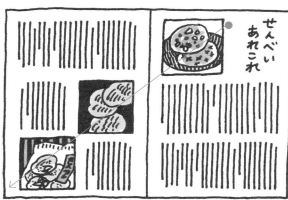

从右上朝左下方排列！这是方便读者浏览照片的方向。

左图中，照片按照"从右上方朝左下方"的方向排列，正文的段落也整齐划一。这样排版，读者看照片的时候就会觉得很舒服。这类排版有两条准则，排版的顺序应该按照视线的移动顺序排列；照片的大小应该按照照片的内容和主题决定。

首先需要知道的

# 构成书籍的要素

出版物的主要形式是书籍。关于书籍，在漫长的历史中，书籍具备了固定的"形式"。接下来，将介绍关于书籍排版的各部分。

## 版面的结构和组成

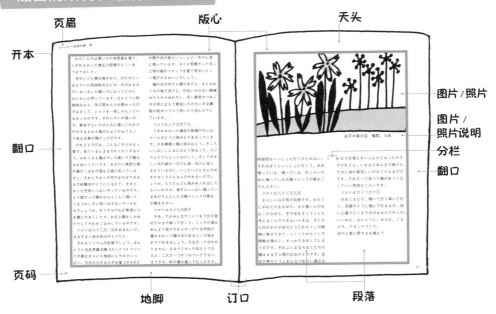

**开本**：书籍和杂志排版完成后的大小。开本分为 A 列和 B 列两种工业规格的型号，以及 12 开（接近 B6）和 8 开（636mm×939mm）这两种传统型规格。

**版心**：指减去纸面四边的留白，用于印刷文字和照片的空间。版心的大小取决于书籍内容的大小。

**天头和地脚**：书籍和杂志的版面中，上边的留白称为"天头"，下边的留白称为"地脚"。比如在排版时，我们会说"照片不能超过'天头'，得把多余的部分裁掉"或"在'地脚'里插入注解"。

**照片和图片**：除了文字以外，所有的照片和图片都属于这一类，比如照片、插图和图表。电子书的动画也属于这一类。

**段落和分栏**：文字被分成了很多个段落，每个段落都占据了一定的版面。段落之间留出来的空隙称为分栏。段落越多，单行文字的距离就越小，也就能放下更多的图片。

**翻口·订口**：书籍和杂志两侧的留白叫作"翻口"，两页中间的留白叫作"订口"。一般情况下，在这两个位置都不会插入文字。

**页码**：表示页数的号码。页码通常都出现在天头和地脚中，靠近翻口。在同一本书中，页码的位置都是统一的，没有变化。

**页眉**：页眉是放在天头、地脚和翻口里的书名和章节名。为了方便查找，页眉通常都放在偶数页。杂志和报纸的标题通常也是这样的。

**图片说明**：跟正文不同，用来说明插图和照片的说明性文字。字体比正文小，一般都在图片的旁边或里面。

## 书籍的结构和顺序

[扉页]
放在目录前，相当于书本的引入页。

[目录]
通过目录可以看到本书所有章节的页数。相当于本书的阅读指南。

[正文]
正文是书籍的主要内容，由章、节等组成。

[索引]
通过列表的形式，将正文中的术语和关键词汇总出来。

[环衬]

[环衬]
把扉页和内容联系起来的部分。靠近封皮的一面叫作封里衬页，靠近扉页的一面叫作环衬纸。

[序文]
该部分通常用于表明作者和编者的创作目的。有时这个部分也会被省略。

[章首页]
放在正文的前面，放在不同章节之间，用来区分不同章节。

[后记]
作者的解说和写作经验，以及对正文的补充。有时也会省略。

[版权页]
在卷末记载书名、作者名及出版社、装订者、出版公司、定价等信息。

## 书的各个部分的名称

注意!

### 这个你知道吗？

#### 精装本和平装本都是什么意思？

精装本（硬皮书）是指用线装订，书本内容特意用书背和封皮等厚纸加固的书籍。与精装书相比，平装本（软皮书）的装订被简化了，仅用与书本文本部分大小差不多的封皮包住书本即可。杂志、日制新书（采用173mm×106mm的书籍）和文库书（译者注：指由同一出版社连续发行的，开本和装帧相同的丛书）中，平装本是主流形式。

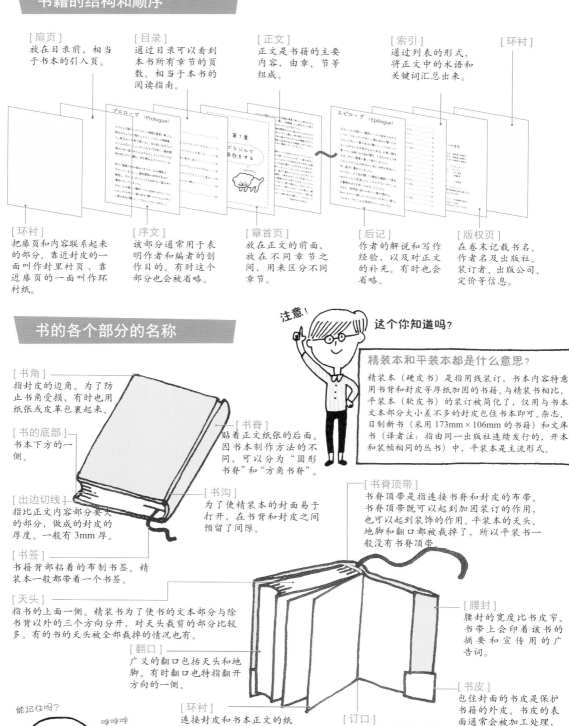

[书角]
指封皮的边角。为了防止书角受损，有时也用纸张或皮革包裹起来。

[书的底部]
书本下方的一侧。

[出边切线]
指比正文内容部分要大的部分，做成的封皮的厚度。一般有3mm厚。

[书签]
书籍背部粘着的布制书签。精装本一般都带着一个书签。

[天头]
指书的上面一侧。精装书为了使书的文本部分与除书背以外的三个方向分开，对天头裁剪的部分比较多。有的书的天头被全部裁掉的情况也有。

[书脊]
贴着正文纸张的后面。因书本制作方法的不同，可以分为"圆形书脊"和"方角书脊"。

[书沟]
为了使精装本的封面易于打开，在书背和封皮之间预留了间隙。

[书脊顶带]
书脊顶带是指连接书脊和封皮的布带。书脊顶带既可以起到加固装订的作用，也可以起到装饰的作用。平装本的天头、地脚和翻口都被裁掉了，所以平装书一般没有书脊顶带

[腰封]
腰封的宽度比书皮窄。书带上会印着该书的摘要和宣传用的广告词。

[翻口]
广义的翻口包括天头和地脚。有时翻口也特指翻开方向的一侧。

[书皮]
包住封面的书皮是保护书籍的外皮。书皮的表面通常会被加工处理，使书皮变得耐用。

能记住吗？

呼呼呼

[环衬]
连接封皮和书本正文的纸张。靠近正文内容的一侧叫作封里衬页。环衬也起到了装饰的作用。

[订口]
订口指书脊装订的部位。因装线的方法和书脊形状的不同，书本打开的方式也不一样。

11

# 构成杂志的要素

周刊和月刊等定期发行的出版物叫作杂志。
各种杂志的封面和内容都有可以通用的设计和排版模式。

## 封面各个组成部分的名称

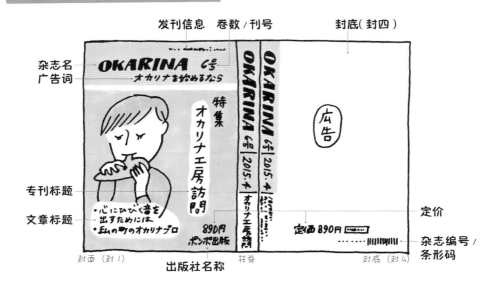

发刊信息：发刊消息是向书店发货和邮寄杂志时必要的标识。因为和读者关系不大，所以它通常印在封皮的边角上，字号也很小。

杂志名：杂志的名称。杂志名会作为商标长期使用。杂志名通常离天头很近，如果在封面中间有广告，就会将杂志名安排在靠近地脚的地方。

卷数／刊号：从创刊开始的总刊号数、某一年的刊号数和月刊数等都属于这一类。与发刊消息不同，读者需要知道卷数和号数来订阅自己想要的杂志，因此卷数和号数的字号要大一些，以防止读者看错。

广告词：每一卷都可以使用。既可以将杂志自身的概念用较短的文字表示出来，也可以把该卷的特刊和具有卖点的句子展示出来。让读者通过标题，了解某一系列的杂志。

杂志编号／条形码：杂志编号会放在封四。条形码需要预先登记，这样在代售店和书店扫码的时候，就能知道出版社的名称、杂志名称、种类和刊号数等信息了。

专刊标题：通过专刊标题，读者可以知道杂志的大概内容。但杂志的知名度比较高的时候，专刊标题有时也会比杂志的名称和商标还要大。

文章标题：文章标题要突出杂志内容，把能激起读者购买欲望的内容展示出来。有的杂志会把文章标题详细地列在封面上，有的则不会。

出版社名称：出版社名称在封一、封四和书脊的时候比较多。就杂志而言，读者更看重杂志的标题而非出版社，因此出版社的名称在排版中都不太显眼。

定价：在封一印上税后价格，在封四把税后价格和税前价格都印上。这样一来，即使消费税税率变化，也能按照新税率，通过税前价格计算出税后价格。

封底（封四）：就杂志而言，封底（封四）一般都会放广告。但是封底不能整版全是广告，要裁剪出一部分空间留给杂志编号。

页眉标题
图注
内容序文
页码

大标题
小标题
正文

**大标题（专题标题）：** 大标题是在文章开头，展现专题整体，以及该跨页内容的文字。一般而言，大标题文字的字号在跨页中是最大的，大标题的位置也是最显眼的。

**内容序文：** 内容序文是文章内容的简要提示。有的时候内容序文会被省去，但如果有序文，排版时就要考虑到大标题和序文的搭配。

**小标题：** 标题要用简洁的语言准确地表达出正文的内容，并在正文前单独成行（可以从正文中选取精彩的句子作为标题）。

**页码：** 页码就是每一页的号码。如果要在页码位置插入图片，页码就采用"隐蔽面页码"的形式，不用印出来。

**图注：** 写在照片下面的解说性文字。字号比正文要小，一般只有一行或几行文字。如果图注在另起一行时出现断句，就要在排版上下功夫，让图注既方便阅读，又美观。

**正文：** 正文是杂志文章的主体内容。杂志的文章一般都分为 2 ~ 5 自然段，而且一篇文章的格式都要统一成这个格式。

**页眉标题：** 为了方便查找文章，有时会将专刊标题用较小的字号印在页眉处。如果是产品目录类的文章，就要用页眉的形式表现出来。

想成为一个专业的编辑，就得把这些术语记下哟！

封三
封二
封四
封一

**什么是封一、封二、封三、封四？**
大家都知道"封面"的意思，但是很少有人会知道"封面"还分"封皮""封里"和"封底"。印有书名的封皮叫作"封一"，封面的背面叫作"封里"（又称封二），印有书的价格等信息的封面背页叫作"封底"（又称封四）。封底里面的一页叫作"封底里"（又称封三）。封二、封三和封四一般都会刊载广告。

## 9

封面的设计

# 纸媒的尺寸

纸媒的尺寸有很多种。一般情况下，根据印刷用纸和所选页面的大小关系，
在选择印刷用纸时会选择固定的型号。

## 选择与出版物相符的开本

报纸、杂志和书籍等特征各异的印刷媒体，有固定的尺寸。开始排版前，首先要确定出版物的开本。印刷纸张的大小对预算有很大的影响，不要随便决定。此外，尺寸的大小要考虑到出版物流通的方便，选择适合读者阅读习惯的尺寸很关键。印刷物最终形式的大小称为开本。报纸的型号分大报和小报两种，杂志一般分为 A4 型和 A5 型两种，如果没有特殊情况，一般不采用其他的型号。

让我们来比较一下不同纸质媒体的封面。用来印刷报纸的开本比较大，印刷时张数少，能较快速地大量印刷，是一种适合大规模印刷的开本。就杂志和书籍而言，根据照片的展示方式和印刷的页数，可以选择不同的开本。对新书、文库等成系列的刊物而言，印刷时纸张需要遵循规定的大小。

来看一下比较图！

## ▰ 纸质媒体的尺寸

| 开本型号 | 尺寸（mm） | 经常使用该型号的媒体 |
| --- | --- | --- |
| A4 | 210×297 | 月刊 |
| A5 | 148×210 | 教科书 |
| A6 | 105×148 | 丛书 |
| B5 | 182×257 | 周刊 |
| B6 | 128×182 | 单行本 |
| B7 | 91×128 | 手账 |

| 开本型号 | 尺寸（mm） | 经常使用该型号的媒体 |
| --- | --- | --- |
| 16 开 | 210×297 | 单行本 |
| 32 开 | 148×210 | 单行本 |
| AB 开本 | 105×148 | 妇女杂志 |
| 新书开本 | 182×257 | 新书 |
| 大报开本 | 128×182 | 大报 |
| 小报开本 | 91×128 | 小报 |

注意：16 开和 32 开有两种尺寸。

# 10

# 印制出版物须知的符号是什么

虽然，书籍和杂志的读者不会看到这些符号，但是对于负责排版和印刷的人来说这些符号都很重要。

## 出血是什么

为了确保印刷位置和裁剪正确，出血这种符号是必不可少的。因为这种符号看起来很像溢出的血，因此得名。这种符号也被称作对准标志和微调标志。这种符号只出现在开本的（最后确定的开本）外侧，所以在印刷完毕的出版物上是看不到的。即使是像宣传单等单页的印刷品，排版时也要加上出血。印制非单页的印刷品时，则要在制版和印刷时加上出血符号。考虑到裁剪时的误差，以及图版和颜色、翻口、天头和地脚，（裁剪时）纸张一定要延伸到出血为止（要留下一定的空间）。

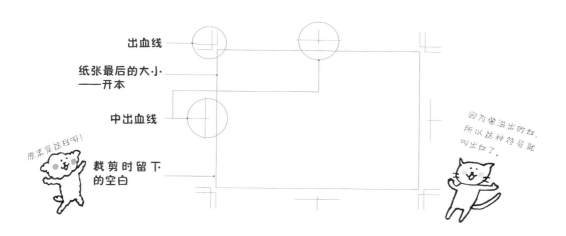

- 出血线
- 纸张最后的大小——开本
- 中出血线
- 裁剪时留下的空白

原来是这样呀！

因为像溢出的血，所以这种符号就叫出血了。

 **这个时候，留白就很重要**

图版和底色一定要覆盖到出血线为止，只有通过定版线，才能在白纸上发现裁剪的误差。

裁剪照片的时候使用！

一起去动物园吧！

三个最具人气的动物

第一
第二
第三

颜色铺满整个版面的时候……

定版后纸张的大小

# 版面是什么

排版的时候，首先要确定最后印刷成品的开本，决定印刷成品的开本以后，就可以开始决定文字和图片的排版了。

不要把"版面"看成"板面"哟

## 版面和纸张留白的关系

在出版物的上、下、左、右（天头、地脚、订口、翻口）要留下适当的空白。这些空白叫作留白，留白中除了页码以外，原则上不要加入任何文字和图片。在杂志中，留白以外的部分叫作版心。围绕版心的四周会留出一圈空白，这圈空白也会占据空间。为了给版心和留白预留出足够的空间，在出版物最后定稿的时候一定要留下足够的空间。也就是说，如果版心占据的空间大，留白就要小一些；反过来，如果版心占据的空间小，留白就可以多一些。

### 版心排版的基本准则

在同一本书中，每一页的排版都应该是相同的，一本书的每一页都应该使用相同的版式。四六开本和A5开本的书籍通常会有50%～60%的版面被版心占据，B5开本和A4开本的书籍通常会有70%～85%的版面被版心占据。

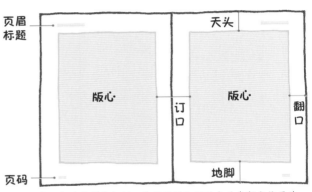

版心和开本形状相似。除了页眉和页码会放在留白位置外，其他的部分一般都要放入版心。

### 如何划分版面？

海报和宣传单等单页印刷物。

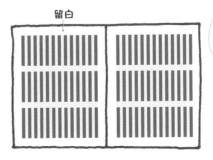

留白

书籍和杂志等纸质印刷物就是这样的。

确定纸张大小前，要考虑到出版物的整体形象，然后确定版心四周留白空间的大小。留白以外的部分就自然成为了版心。

划分版心的时候，既需要考虑留白空间的多少，也需要考虑到正文文字的大小和单行文字的字数。

# *12* 从文字角度设计版面的方法

本节将介绍如何从文字排版角度出发，设计和划分版面。
这种排版方法适用于书籍等文字内容比较多的媒体。为了对文字内容较多的
媒体进行排版，掌握编辑文字的技巧是必要的。

## 初步了解原稿用纸

对于文字较多，且需要统一排版的纸质媒体来说，把对文字的编辑作为基础，并在此基础上进行版面划分是非常有效的。日文最基本的排版方法是在"看不见的方格"中对文字进行排版，一个方格里排入一个文字，

在文字间留有间隔。这种排版就跟作文稿纸一样，一字一格。因此，只要确定了文字的大小、单行的字数和行数，就能算出整个版心的面积。通过公式：总字数 = 单行字数 × 字数，就能估算出版心所能容纳的最多字数。

### 由文字大小划分版面的方法

文字自身的形状（文字的排列），因文字和字体的不同，有着很大的区别。跟假想的方格对应，每一种大小的字体都跟一种类型的方格对应。

最基本的文字排版是在假想的方格中，把文字不留间距地排成一行(排满版)。随着字体字号的变化，文字的间距（两个文字中心之间的距离）也会发生变化。字号越大，间距也越大。

确定单行文字的字号、字数和字间距后，接下来就是确定行间距了（单行文字最右端或最左端到下一行文字最右端或最左端的距离）。这样就能确定单页文字的行数了。

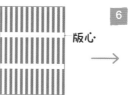

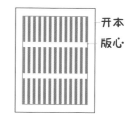

如果单行文字过长，就会影响阅读，编辑长扁幅的书籍时需要将文字分段处理。段与段之间的距离（段间距）需要大概留下两个字符的宽度。

第4步之后，就要确定文字的外框，即确定版心的范围。实际上，版心的四周是不画线的，版心的边界是"看不见的"。因此，编辑时，版心可以灵活设置。

编辑好的版心可以放入版面的任一位置。如果开本和留白的部分不协调，就需要对文字部分进行微调。

# 编辑版心的要点

以正文为基础划分版面的方法，文字的分段设计会决定出版物的最后形式。
编辑版心的要点，就是要使文字美观且易于阅读。

## 追求可读性

使文字易于阅读是编辑版心的一个重要功能。字体、字号、字数、行数、字间距和行间距的不同，对文本的可读性有很大影响。结合媒体的特点，采用合适的编辑方式是必要的。易于阅读的文字版式和在此基础上设计出的美观的版式，会便于读者轻松理解文本内容。但前提是要注意一些基本的准则。

### ◢ 字号相同，字体不同看起来也是不一样的

字距过小，字面大 ←————————————→ 字距宽松，字面小

それからは金太郎は、毎朝お母さんにたくさんおむすびをこしらえてもらって、森の中へ出かけて行きました。

それからは金太郎は、毎朝お母さんにたくさんおむすびをこしらえてもらって、森の中へ出かけて行きました。

それからは金太郎は、毎朝お母さんにたくさんおむすびをこしらえてもらって、森の中へ出かけて行きました。

[ 新黑 ]　　　　[ 黑体 MB101]　　　　[ 中黑 BBB]

就算使用相同的字号，不同的字体看起来也是不一样的，有的字体看起来会很紧凑。

### ◢ 字面是什么

嗯嗯

[ 字体不同，字面也不一样 ]

む　む

假想的框架　字面

お

[ 文字不同，字面也不一样 ]

す　び

通常，日文字体和中文字体都是放在"看不见的方格"里排版，每一个字占据一个方格。"看不见的方格"就像稿纸中的方格，是文字排版的基本框架。在这个基本框架的基础上，对文字的字号等内容进行编辑。一方面，文字的具体形状叫作"字面"。不同字体的文字字面的大小和形状是不一样的。相似的，同一字体的不同文字的大小和形状也是不一样的。字面小的字体，字间距和行间距就会大一点，看起来较宽松，易于阅读。如果字间距看起来很挤，那就要适当地缩小行间距。

## 行距和行间距

[横向排版]

[横向排版]

さあ、みんなで
すもうをとろう

[行距]
正文的每一行一定要留出一定的间隔，上一行底端到下一行顶端的距离就叫作行距。字号和行距确定后，行间距也就确定了（某字号文字的纵向长度＋行距＝行间距）。

[行间距]
行与行之间的空隙，即行间距的单位是【H】，文字的大小则用%表示。

[行间距]

[纵向排版]

さあ、みんなで
すもうをとろう

[行距]

好厉害！

金

---

## 单行长度和行距的平衡

○　　　　　　　×　　　　　　　○

[合适的行距] ←──── [过窄的行距] ────→ [分段的文字]

金太郎が口笛を吹いて、「さあ、みんな来い。」と呼びますと、熊を頭に、鹿や猿やうさぎがのその出て来ました。金太郎はこの家来たちをお供に連れて、一日中、山の中を歩きまわって言いました。「さあ、みんなすもうをとろう。」すると熊がむくむくした手で地を掘って、土俵をこしらえました。

金太郎が口笛を吹いて、「さあ、みんな来い。」と呼びますと、熊を頭に、鹿や猿やうさぎがのその出て来ました。金太郎はこの家来たちをお供に連れて、一日中、山の中を歩きまわって言いました。「さあ、みんなすもうをとろう。」すると熊がむくむくした手で地を掘って、土俵

行距不变，但只要把文字分段编辑，效果就很不一样。

金太郎が口笛を吹いて、「さあ、みんな来い。」と呼びますと、熊を頭に、鹿や猿やうさぎがのその出て来ました。金太郎はこの家来たちをお供に連れて、一日中、山の中を歩き

まわって言いました。「さあ、みんなすもうをとろう。」「さあ、ごほうびにはこのおむすびをやるぞ。」すると熊がむくむくした手で地を掘って、土俵をこしらえました。

如果行距宽度不合适，读者就无法顺利地继续阅读。特别是单行文字过长的时候，就一定要注意加宽行距。如果行距无法加宽，那么就要缩短单行文字的长度，以便于读者阅读。

# 14

## 注意分栏排版的作用

编辑文字的时候，可以通过分栏来调整文字的单行长度。因为栏目设置对版面的整体效果有很大影响，所以对文字进行栏目设置时要注意版面协调。

### 合适的栏目设置是什么？

以小说的单行本为例，如果不对文字分栏排版，版心的长度就等于单行文字的长度。但是如果 A4 开本的杂志不分栏排版，单行文字就会过长，且易读性差。

如果不想改变调好的文字大小和字间距，这时候就可以通过分栏排版达到缩短单行文字长度的效果。那么，分为几栏合适？这就要根据具体的开本来选择了。此外，按照文本内容进行分栏也是很重要的，因为行距会影响读者的阅读速度。

#### ▶ 分栏排版和开本的关系

呼~
呼~

[纵向分栏]
[分为一栏] 文库丛书、新书竖排

像文库丛书、新书这一类小开本的书籍，分为一栏或者不分栏是最合适的。

[分为两栏] 大开本的书籍

现在开本大于 A5 的书籍越来越多地把文字分为两栏。因为这样可以减少因换行留下的空白，让单页的版面能刊印更多的内容。

[分为 3 ~ 4 栏] 杂志

B5 开本和 A4 开本类的杂志，一般都会分会 3 ~ 4 栏。开本越大，文字也会分为更多栏。

[分为 5 ~ 6 栏] 百科全书

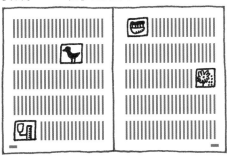

篇幅长的书籍需要分为多栏。尤其是像百科全书，即使采用了小开本，也会分为很多栏。

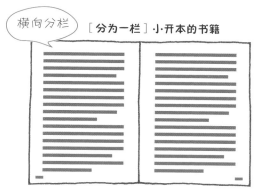

[分为一栏] 小·开本的书籍

[分为两栏] A4 开本书籍和杂志

纵向的版面中，版面水平方向的长度长于垂直方向的长度。如果是横向的版面，在开本不变的情况下，为了减少单行文字的长度，要减少分栏的数量。

如果是 A4 等大小的开本，横向排版不分栏，那么单行文字就会过长。面积大的版面都会分栏排版。

## 分栏排版和版面的整体效果

开本越大，版面也就越大，因此要把文字分为更多栏。分的栏越多，一行的长度就会越短，读者阅读时视线换行的速度也就越快，整个版面就会给人留下活泼的印象。例如刊载各类消息的杂志，就比较适合大开本和多栏排版。与之相对的，例如像小说类的出版物，为了避免过快的阅读节奏，单栏排版是最合适的。就分栏排版而言，最重要的是要通过分栏排版控制单行文字的长度。确定单行文字的长度时不仅要考虑每个分栏的长度，还要考虑版心的实际长度。例如，为了通过排版表现出典雅的效果，甚至有些大开本也会采用单栏排版，哪怕会出现大面积的留白。

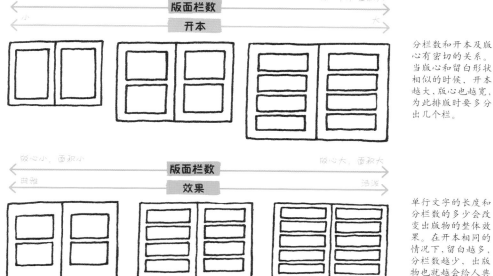

分栏数和开本及版心有密切的关系。当版心和留白形状相似的时候，开本越大，版心也越宽，为此排版时要多分出几个栏。

单行文字的长度和分栏数的多少会改变出版物的整体效果。在开本相同的情况下，留白越多，分栏数越少，出版物也就越会给人典雅的感觉。

封面的设计

# 影响杂志版面的排版

版心占整个杂志版面的比例叫作版面率。
版面率可以反映出留白的面积，版面率对杂志版面的整体效果影响很大。

## 版心和留白

版面率是指杂志版心占版面整体面积的比例。在开本相同的情况下，版心越大，留白越少，版心越小，留白越多。也就是说，版面率是一个可以同时反映版心和留白面积多少的指标。杂志版面率为80%，也就意味着留白的面积占整个面积的20%；杂志版面率为60%，也就意味着留白的面积占整个面积的40%。版面率越高，留白越少的杂志，其版面越能给人活泼的印象，也越能承载更多的信息。与之相反，版面率越低，留白越多的杂志，其版面则会给人一种稳重、典雅的感觉。

### ▨ 随版心和留白变化的排版效果

［版面率高·留白少］

版面率越高的杂志版面，越能刊载更多的信息。版心越大，留给照片和文字的排版空间就越大，也就会相对容易地给人留下活泼的印象。

［版面率低·留白多］

版面率越低的杂志封面，信息量也越少，会给人一种稳重的、高端的感觉。即使版面率很高，如果能减少版心的信息量，保证给留白足够的空间，也能达到同样的效果。

### ▨ 杂志封面中版面位置的变化

在版心大小不变的情况下，如果天头一侧的空白面积较大，那么地脚一侧的空白面积就会变小。就纸质媒体而言，地脚一侧的空白面积一般会宽一些。

考虑到书本的装订，编辑时订口一侧的空白面积要多留出一部分。当需要插入较多的页眉时，则需要把翻口一侧的空白面积多留一部分。

# 16

# 版式是什么

版式就是在排版时需要遵守的一些基本准则。
在分工排版时，使用统一的版式能确保每页格式的统一。

## 版式的作用

在编辑排版纸质书籍的时候，一般情况下，首先需要考虑版式的问题。为了保持杂志版面的格式统一，需要使用某一种出版物（例如书籍或专刊）通用的版式。例如杂志等定期出版的刊物，如果每期连载的同一系列文章能使用同样的版式，那么连载的文章读者一眼就能找到。排版中有各种各样的版式，既有只需决定版面和栏目的简单版式，也有针对商品目录这种图片较多，需要严密地考虑图片大小和位置的版式。在排版的各个环节中，版式需要统一运用。

### 运用版式设计版面的流程

要在版式的基础上排版哟！

[版式] [2 P] [1 P]

分栏排版也是版式的一种。上图将版心分为三栏的版式安排文字，图片占据了两个分栏的高度。

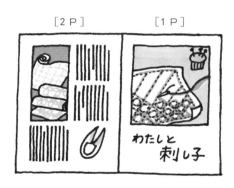

第一页的扉页中，图片和标题都占据了很显眼的位置。第二页则是按照固定版式排版。

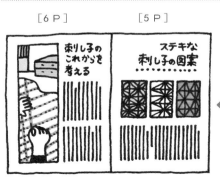

[6 P] [5 P]

灵活度高的版式，翻页时会比较容易。遵守的规则越多，在保证杂志画面统一的同时，也能灵活排版。

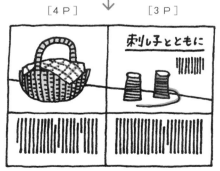

[4 P] [3 P]

跨页上部的两个分栏放入了图片。版面虽然被分为3栏，但却很统一。

# 捕捉文字的形象

把想向读者传递的内容用文字表达出来的文本是构成杂志版面的一个重要要素。
为了准确地向读者传递信息，需要通过符合媒体特征的体裁，将文本整理得易于阅读。

## 兼顾可读性和美感

杂志封面中的文本包括标题、文本、图解等多种内容，必须通过易于阅读的体裁，梳理这些混合在一起的文本。进一步来说，在文字方面，因为不同字体而形成的不同风格，会影响杂志版面的美感。不管是可读性还是媒体的整体效果，都是不可或缺的。文字会影响读者对杂志的整体印象。

### 日文字体的分类和形象

[明朝体]

点　收笔　削尖　钩　内侧留白

作为日文的一个主要字体，明朝体是毛笔字体的一种。明朝体是一种优雅、正式的字体，阅读起来很容易。

[黑体字]

笔画大致均等的黑体字是一种相对来说比较普通的现代字体。易于辨认，文字排列的表现性很强。

### 字体不一样，文字的形象也会变化

男性审美 ← 审美倾向 → 女性审美

从左到右分别是"新黑 H""中黑 BBB""新圆黑 R"3 种字体。粗体字的黑体字更符合男性的审美，圆润的字体则显得更柔和、可爱。

三角形

古典 ← 审美倾向 → 现代

从左到右分别是"新正楷体 CBSK1""龙明体 M.KL""黑体 MB101.R/ 3 种字体。横的末端还带有三角小钩的字体给人一种古典、庄重的感觉。反之，字体越接近黑体字，现代感越强。

### 笔画粗细不一样，文字的形象也会变化

表现力强 ← 审美倾向 → 纤细轻巧

从左到右分别是龙明体"U-KL""H-KL""B-KL""M-KL""R-KL""L-KL"等字体。即使是同一种字体，笔画粗细不一样，文字的形象也不一样。字体越粗，文字的表现力就越强，字体越细，文字就越纤细轻巧。

## ◤ 文字的不同形式

[ 不同字体的文字 ]

可愛い
猫と鳥

猫和鸟

改变部分文字的字体能起到突出该部
分文字的效果，不同的文字可以使用
不同的字体。

[ 不同粗细的文字 ]

可愛い
猫と豚

猫和猪

改变部分文字字体的粗细，能吸引读
者的注意。较粗的字体更能吸引读者
的注意。

[ 不同字号的文字 ]

可愛い
パンダ

熊猫

改变部分文字的字号能起到突出强调
的作用。大号的文字会更显眼。

[ 移动文字位置 ]

可愛い犬

如排版不符，
可以断句后分
成两句排版

终于轮到狗狗我了

虽然文字通常是按照水平或垂直方向
排列的，但是特定的文字也可以挪动
位置，使版面更活泼，给人一种欢快
的感觉。

## ◤ 不同段落排版之间的差异

呀呼

　　向哪边对齐对排版的整体效果影响也很大。在这里我们看一个横向排版的例
子。下面有段落向左对齐的、段落向右对齐的、居中对齐的和齐行的（齐行是一
种在长方形的文本框里输入文字的排版方式，除最后一行向左对齐外，其余都向
两边分散对齐）。此外，还有朝左右两边分散对齐的排版和混合式排版。

[ 向左对齐 ]

私は、先日助けていただいた
亀でございます。
今日はそのお礼にまいりました。
『浦島太郎』より

[ 向右对齐 ]

私は、先日助けていただいた
亀でございます。
今日はそのお礼にまいりました。
『浦島太郎』より

[ 居中对齐 ]

私は、先日助けていただいた
亀でございます。
今日はそのお礼にまいりました。
『浦島太郎』より

[ 齐行 ]

私は、先日助けていただいた亀
でございます。今日はそのお礼
にまいりました。
『浦島太郎』より——

段落的最后一行向左对齐

[ 分散对齐 ]

私は、先日助けていただいた
亀 で ご ざ い ま す 。
今日はそのお礼にまいりました。
『 浦 島 太 郎 』 よ り

[ 混合式排版 ]

私は、先日助けていただいた亀
でございます。今日はそのお
礼にまいりました。　　——齐行

　　　　『浦島太郎』より—— 向右对齐

# 日文字体介绍

日文字体分为明朝体和黑体字两大类。每一大类还可以细分为更多种字体。排版时可以根据字体的不同特征，在排版中灵活运用。

## 古体和现代体

　　每一种字体都有自己的特征。也就是说，如果不区分为数众多的字体，就难以选择合适的字体。在选择字体时，首先要了解明朝体和黑体这两大类字体。明朝体是一种受传统书法影响较大的字体，其横向的笔画比纵向的笔画要细，而黑体字横纵方向的笔画则宽细一致。此外，还有楷书、行书、圆黑体、pop 字体等多种日文字体，它们都各具特色，表现形式也不一样。

### 找不同

[明朝体的古体字]

岩田明朝体的古体字

明朝体受传统书法影响，笔画的末尾通常是一个三角形。在古体字中，文字内侧留白较少的楷书最具韵味。

纵向排版

むかし、むかし、ある家のお倉の中に、たいそうゆたかに暮らしているお金持ちのねずみが住んでおりました。その家のねずみの子はかがやくほど美しく、それはねずみのお国でだれ一人くらべるもののない日本一のいい娘になりました。

横向排版

むかし、むかし、ある家のお倉の中に、たいそうゆたかに暮らしているお金持ちのねずみが住んでおりました。その家のねずみの子はかがやくほど美しく、それはねずみのお国でだれ一人くらべるもののない日本一のいい娘になりました。

在编辑文字的时候，应注意各种字体大小上的差别，排版时应该选择与之对应的空间进行设计。上图的例子是岩田明朝体，假名比汉字要小。在一段文字中，这种字体的变化比较丰富。

[明朝体的现代体]

小冢明朝

虽然都是明朝体，但是现代体内侧的留白要更宽一些，是一种字体风格更饱满的字体，称为"现代体"或"新体"。

纵向排版

むかし、むかし、ある家のお倉の中に、たいそうゆたかに暮らしているお金持ちのねずみが住んでおりました。その家のねずみの子はかがやくほど美しく、それはねずみのお国でだれ一人くらべるもののない日本一のいい娘になりました。

横向排版

むかし、むかし、ある家のお倉の中に、たいそうゆたかに暮らしているお金持ちのねずみが住んでおりました。その家のねずみの子はかがやくほど美しく、それはねずみのお国でだれ一人くらべるもののない日本一のいい娘になりました。

这里举的例子是小冢明朝体，这种字体假名设计得比较大，假名字体的面积跟汉字一样大。在书籍等字号较小的长篇文章中，使用假名比较大的字体会使整个版面看起来很拥挤。

## [ 黑体字的古体 ]

# 永あ

筑紫黑体古体字

黑体的古体字是一种文字内侧留白较少，笔画末尾受传统书法影响较大的一种字体。

（纵向排版）

> むかし、むかし、ある家のお倉の中に、たいそうゆたかに暮らしているお金持ちのねずみが住んでおりました。その家のねずみの子はかがやくほど美しく、それはねずみのお国でだれ一人くらべるもののない日本一のいい娘になりました。

（横向排版）

> むかし、むかし、ある家のお倉の中に、たいそうゆたかに暮らしているお金持ちのねずみが住んでおりました。その家のねずみの子はかがやくほど美しく、それはねずみのお国でだれ一人くらべるもののない日本一のいい娘になりました。

例子中的文字是筑紫黑体古体字，是一种假名比较小的字体。这是一种适合阅读的字体，但是为了阅读方便，字间距需要保持适当宽松的距离，因此排版时要按具体情况进行排版。

## [ 黑体字的现代体 ]

# 永あ

新黑体字

黑体字，字面内侧留白较多，字体大小均一，是一种比较现代的，笔画变化较少的字体。

（纵向排版）

> むかし、むかし、ある家のお倉の中に、たいそうゆたかに暮らしているお金持ちのねずみが住んでおりました。その家のねずみの子はかがやくほど美しく、それはねずみのお国でだれ一人くらべるもののない日本一のいい娘になりました。

（横向排版）

> むかし、むかし、ある家のお倉の中に、たいそうゆたかに暮らしているお金持ちのねずみが住んでおりました。その家のねずみの子はかがやくほど美しく、それはねずみのお国でだれ一人くらべるもののない日本一のいい娘になりました。

案例中的文字是新黑体，新黑体中不仅假名设计得比较大，新黑体的所有文字设计得都比较大。适合横向排版，不适合纵向排版。这种字体比较显眼，适合用于文章标题。

## 总结一下

| | 古体字 | 现代体 |
|---|---|---|
| 明朝体 | • 字体内侧留白较少<br>• 字体受楷书影响较大<br>• 假名通常比汉字要小<br>• 在一段文字中，这种字体的变化比较丰富<br>• 适合长篇幅文字的排版 | • 字体内侧留白较多<br>• 假名字体较大<br>• 不适合用于小字号的长篇文章 |
| 黑体 | • 字体内侧留白较少<br>• 笔画的粗细程度不一<br>• 假名通常比汉字要小<br>• 在一段文字中，这种字体的变化比较丰富，但要注意保持宽松的字间距 | • 字体内侧留白较多<br>• 笔画的粗细程度统一<br>• 假名通常比汉字要大<br>• 适合横向排版，但是不适合纵向排版<br>• 该字体比较显眼，适合用作标题 |

在版式设计中，如何选择字体

# 西文字体介绍

以日文为主的杂志版面，使用英文字母的情况比较多。掌握各种西文字体的基础知识，对排版大有益处。

## 衬线铅字体和无衬线铅字体

衬线铅字体和无衬线铅字体是西文字体中，具有代表性的两类字体。有人会把这两类字体跟日文中的明朝体和黑体进行对比，但实际上两者还是有区别的。

衬线铅字体笔画的末端有像小爪一样的装饰。无衬线铅字体就是没有衬线装饰的字体。此外，除了衬线铅字体和无衬线铅字体两种字体外，还有手写铅字体、黑体字和西文斜体字等多种西文字体。

### 主要的西文字体的种类

[ 衬线铅字体 ]

衬线

# Hello

衬线体中，有手写风格的古体字，和风格更现代的"现代体"。一般来说，在编辑长篇英文文字时，使用纤细的衬线铅字体更合适。

[ Times-Regular ] 衬线体·古体字

I bought a dress. It's gorgeous.
I can't wait to wear it.

[ Bodoni-Book ] 衬线体·现代体

I bought a dress. It's gorgeous.
I can't wait to wear it.

[ 无衬线铅字体 ]

# Hello

无衬线铅字体从古典到现代也可以细分为很多类字体。在编辑篇幅比较长的文本时，无衬线铅字体的文本行距比衬线铅字体的更宽。无衬线铅字体的粗字体适用于处于比较显眼位置的标题。

[ Helvetica-Regular ] 无衬线铅字体·细体

I bought a dress. It's gorgeous.
I can't wait to wear it.

[ Futura-Bold ] 无衬线铅字体·粗体

**I bought a dress. It's gorgeous.**
**I can't wait to wear it.**

其他

[ 手写铅字体 ]

*Dog and Cat*

[Edwardian Script]

这是一种接近手写风格的字体。特别是传统的手写铅字体，有一种优雅的书写风格。

[ 黑体字 ]

Dog and Cat

[Goudy Text MT]

黑体字是一种厚重的字体。由黑体字组成的文本，看起来黑黑的，给人一种严肃的感觉。

[ 西文斜体字 ]

*Dog and Cat*

[Bell MT Semibold Italic]

这是一种小字号的带有装饰的笔记体字体。跟单纯地将字体倾斜的斜体字不同。

# 粗细和系列

粗体的文字阳刚有力，细体的文字阴柔纤细。字体是否加粗能反映出内容在文章中的重要程度。这个概念要和系列的概念一起理解。

## 字体的系列是什么

字体的粗细具体是指文字笔画的粗细程度。字体字号相同，文字的粗细程度不同，也会使文字的外观发生变化。同一种字体往往会有好几种粗细不一的版本，同一种字体的不同版本就叫作系列。一般情况下，大字号的文字用粗体字，小字号的文字用细体字。

不同字体的粗体和细体都是不同的，在使用这些字体的粗细体时，注意不要把不同的字体混在一起。通过字体粗细的不同，可以区分文本内容，突出重点，但同时也不要忘记统一格式。

### 小冢黑体和龙明体的字模库

[ 小冢黑体 ]

# いいいいいいい

从左到右，依次是 H、B、M、R、L、EL 等粗细体。文字越粗，表现力也就越强。

[ 龙明体 ]

# ぬぬぬぬぬぬぬぬ

从左到右，依次是 U-KL、EH-KL、H-KL、EB-KL、B-KL、M-KL、R-KL、L-KL 等粗细体。U 是 Ultra、EH 是 ExtraHeavy、EB 是 ExtraBold 的缩写。

### 通过表格看不同系列的字体

| 文字宽度 / 笔画宽度 | コンデンスド Condensed | コンデンスド オブリーク Condensed Oblique | スタンダード Standard | オブリーク Oblique |
|---|---|---|---|---|
| ライト Light | ABC Light Condensed | ABC Light Condensed Oblique | ABC Light | ABC Light Oblique |
| ブック Book | | | ABC Book | ABC Book Oblique |
| ミディアム Medium | ABC Medium Condensed | ABC Medium Condensed Oblique | ABC Medium | ABC Medium Oblique |
| ヘビー Heavy | | | ABC Heavy | ABC Heavy Oblique |
| ボールド Bold | ABC Bold Condensed | ABC Bold Condensed Oblique | ABC Bold | ABC Bold Oblique |
| エクストラ ボールド Extra Bold | ABC Extra Bold Condensed | ABC Extra Bold Condensed Oblique | ABC Extra Bold | ABC Extra Bold Oblique |

要熟练地使用不同系列的字体哟！

和日文字体一样，西文字体也有不同系列和粗度。就西文字体而言，除了文字笔画的宽度以外，文字的宽度也有很多版本。在左表中，总结了字幅和线幅的关系。Oblique 是文字的倾斜体。

在版式设计中，如何选择字体

# 分类使用不同系列的字体

如果同一杂志版面上的字体不统一，版面会显得非常混乱。为了避免这一问题，使用相同系列不同粗细的字体能够在版面上展现出文字的重要性，保持版面的统一。

## ◢ 字体系列分类使用的例子

［新黑体系列分类使用的案例］

**これ1冊でレイアウトの基礎がわかる！** —— 标题（新黑 B）

「デザイナーズハンドブック レイアウト編」は、—— 正文（新黑 M）
これだけは知っておきたいルールと基本を1冊に
まとめた本です。

左图是使用新黑体系列字体不同字号的基本案例。通过使用新黑 B，来强调最想突出的标题，因此正文选用新黑 M。

［龙明体的分类使用］

如果能分类使用相同系列的字体，就能排出美观的版面。

汪汪

标题（龙明体 L·KL + H·KL）

これ1冊でレイアウトの基礎がわかる！

正文（龙明体 M·KL）

「デザイナーズハンドブック レイアウト編」は、これだけは知っておきたいルールと基本を1冊にまとめた本です。

左图中，文本中的文字仅使用了龙明体的字体系列，与基本的排版技巧相反，标题字体使用了比正文文字更细的 L·KL，只在想要突出的地方使用了比正文更粗的 H·KL 字体。虽然使用了 3 种不同粗细的字体，但是这 3 种都属于同一系列的字体，因此整个版面保持了统一感，版面也变得美观。

［赫维提卡体系列的分类使用］

**With this book, I can totally get the basics of layout techniques.** —— 标题
（Helvetica Neue 85 Heavy）

*"Designer's Handbook : layout"*, is the book
that compiles the rules and the basics that
you should know. —— 正文
（Helvetica Neue 65 Medium）

书名 （Helvetica Neue 66 Medium Italic）

左图是使用赫维提卡体系列的例子。在正文的开头，书名被放在了引号里。像这样，斜体仅限于 3 种用途：强调、引用和作品名。

# 表示文字大小的单位

就像"米"会被用来形容长度一样，排版中也有独立的单位用来表示字号的大小。
在排版时，目前主要采用点数制和级数制来表示字体大小。

## 点数制和级数制

在排版时，字体大小通过"级（Q）"和"点（pt）"来表示。1Q相当于0.25mm，比如，"10Q的文字"表示能放入边长为2.5mm的假想方格中的文字。

字间距和行间距用"齿（H）"来表示，1H大致相当于0.25mm。所以只要记住

1Q=1H就可以了。级数制和点数制可以根据其发源地不同，再细分为好几种，美国式的1pt等于0.3514mm，DTP式等于1/72英寸（约0.3528mm）。比如InDesign等排版软件，有可能两种制式都会采用。

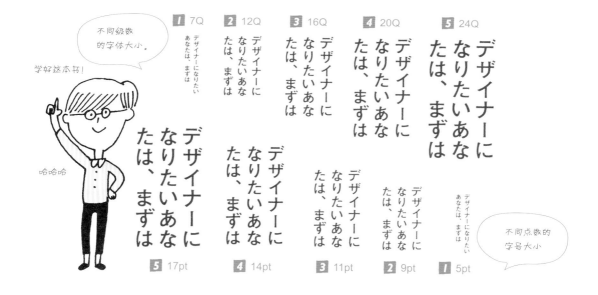

不同级数的字体大小。

学好这本书！

哈哈哈

不同点数的字号大小

**1** [ 7Q·5pt ]

7Q=1.75mm，7Q大致相当于5pt。这几乎是肉眼能辨别的最小号的字体。

**2** [ 12Q·9pt ]

12Q=3mm，大约相当于9pt。这种字号的文字用途非常广，可以把它当成常用字号记下来。

**3** [ 16Q·11pt ]

16Q=4mm，大约相当于11pt。这种字号适合儿童读物的正文或者在一般的出版物中用于小标题。

**4** [ 20Q·14pt ]

20Q=5mm，大致相当于14pt。这种字号适合幼儿读物的正文或者在一般的出版物中用于大标题。

**5** [ 24Q·17pt ]

24Q=6mm，大致相当于17pt。杂志文章的标题有时会使用比这更大的字号。

# 日文和西文的混合编辑

本节将介绍在一篇文章中如何处理日文和西文混合在一起的情况。

在排版时，协调两种文字是一项基本原则，但有时也可以不用刻意调整，就能使不协调的版面变得协调。

## 日文字体和西文字体的差别

在排版过程中，有时会加入大量英文字母和数字。为此，日文字库中也收纳了英文字符。在计算机中，只要选择"半角"（即单字节的文字）模式输入英文文字和数字，日文输入法就可以自动变为英文输入法。然而，以"假想方格"为框架的日文、日文输入法中的英文和其他西文字体 3 种字体混合在一起时，文本会显得并不协调，也不美观。因此，编辑时要对文字的字号和位置进行微调。

### 龙明体字面的比较

日文

字面

假想的方格

相对而言，日文的假名和汉字的字面都能铺满方格（有些字体和文字不一定如此）。

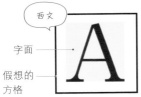

西文

字面

假想的方格

数字

可以和上文中放在假想格中的西文和数字做比较。字体和字号级数相同时，日文输入法里的英文字面也比英文输入法的文字字面要小。

### 日文字体和西文字体的调整方法

[ 和文字体（龙明体 R-KL）的日语和西文的组合 ]

西文和数字偏小。

下画线

首先，我们先看一下日文字体龙明体 R-KL 组成的例子。例子中的英文是日文输入法输入的，字体为龙明体 R-KL。在这里应该记住造成字面违和感的错误点：未做任何调整，既没有调整日文和西文的大小，也没有调整下画线。一般情况下，西文的字面比英文要小，为了使两种文字字面看起来差不多，需要调整文字的字号和下画线的位置。

[ 把西文扩大为日文字体的 108%，把下画线的粗度调整为 0.5H ]

23時になると、Ponは言いました。「Kaoriちゃん、ぼくと一緒に3000個のピーチパイを探しに行こう」。1匹と1人の冒険のstartです。

把西文字体的字号调整到日文字体的 108%，就能使两种文字看起来差不多大。此外，调整下画线和西文字体前的空格，使西文与日文字体首字前的空格看起来一样。这样日文和西文就能看起来比调整前更协调。

知道区别吗？

怎么样？

[ 把西文改为 Bodoni Book 字体，并将其扩大为日文字体的 118%，同时把下画线的粗度调整为 0.5H ]

23時になると、Ponは言いました。「Kaoriちゃん、ぼくと一緒に3000個のピーチパイを探しに行こう」。1匹と1人の冒険のstartです。

除了把英文转变为日语输入法字库中的格式外，还可以把英文字体改变成 Bodoni Book 字体的格式。由于外观、艺术性和可读性等方面的原因，由日文字体和英文字体混合的文本被称为"和欧混植"。就日文和西文组合成的文本而言，为了使两种文字协调，需要做出的调整也是需要视情况而定的。根据不同的字体，探讨如何适当地扩大字体及下画线的疏密程度是非常重要的。

提示！
汪汪！
要注意咽！

## 级数越大，文字越粗

调整英文的时候，字号越大，英文字体越粗，和日文字体的差异也就越大。下图是一些案例，级数越大，两种文字的差别也就越大。

[Futura Medium 28Q]　[ 新黑 R28Q]

字号级数相同时，西文会比日文相对小一些，因此排版时要注意这个问题。

[Futura Medium 32Q]　[ 新黑 R28Q]

当西文文字级数加大时，英文文字会变粗，字母前的空隙也会增加。

[Futura Book 32Q ]　　[ 新黑 28Q]

PIEの町

选择较细的西文字体，这样就能使日文和西文的笔画粗细看起来更协调了。

提示：
汪汪！要注意哟！

## 在日语输入法中，全角英文字母和数字是不适用的！

"全角"（两个字节的文字）模式输入的英文字母和数字，在日语输入法中是不适用的。因为日语输入法中的英文也是在方格中设计的。

[ 因为有一部分英文不是通过日语输入法输入的，所以看起来美观 ]

RED, GREEN, ＢＬＵＥが「光の三原色」で、ＣＹＡＮ, MAGENTA, YELLOWが「色の三原色」です。

[ 把所有英文改成半角（单字节）后 ]

RED, GREEN, BLUEが「光の三原色」で、CYAN, MAGENTA, YELLOWが「色の三原色」です。

# 24 选择合适的行距和字距

选择合适的行距和字距，能使文本更易于阅读。
记住排版最合适的目标，根据字体和单行的长度进行调整。

## 适合阅读的行距

需要综合考虑文章的量和杂志版面的空间，确保适度的行距。为了使文字易于阅读，需要保证 0.5 ~ 1 倍字距的行距，或是 1.5 ~ 2 倍字距的行间距。当遇到字面较大和单行文字长度较长的时候，要确保行距。单行文字长度较短的时候，行距较窄也不妨碍阅读。但是当字体字面较小的时候，也要避免行距过宽，使版面给人过于稀疏的印象。

### 什么是合适的行距？

横向排版

[ 过于宽松的行距 ]

二人は、とても仲良く

暮らしていましたが、

ある日、けんかをして

しまいました。

级数：13Q 行间距：40H

[ 刚刚好的行距 ]

二人は、とても仲良く
暮らしていましたが、
ある日、けんかをして
しまいました。

级数：13Q 行间距：19.5H

[ 过窄的行距 ]

二人は、とても仲良く
暮らしていましたが、
ある日、けんかをして
しまいました。

级数：13Q 行间距：15H

行距过宽或者过窄都会影响阅读。把行间距设定为字距的 1.5 ~ 2 倍比较合适。但是最合适的行距需要考虑具体的字体和单行文字的长度。字体越粗，字面越大，单行文字越长，就越要保证适当的行距。

纵向排版

[ 过于宽松的行距 ]

けんかをしてしまいました。
していましたが、ある日、
二人は、とても仲良く暮ら

级数：13Q
行间距：40H

[ 刚刚好的行距 ]

けんかをしてしまいました。
していましたが、ある日、
二人は、とても仲良く暮ら

级数：13Q
行间距：19.5H

[ 过窄的行距 ]

けんかをしてしまいました。
していましたが、ある日、
二人は、とても仲良く暮ら

级数：13Q
行间距：15H

纵向排版和横向排版一样，需要保证适度的行距。首先，要把行距大致调整到字距的 1.5 ~ 2 倍。一般情况下，对于小说单行本和文库丛书等出版物，为了方便阅读，都需要确保宽松的行距。此外，纵向排版的行距只要便于阅读就可以了，其行距可以小于横向排版。

好生气　　　　好生气

## 易于阅读的字距

在假想方格中无间隙排列的"排满版"是最标准的排版方法。这个时候，字距是0H，字间距与单个文字的宽度相同。对于字面较小的字体，字距的宽度看起来会很乱，把字距统一调小为0.5H或1H，可以让文本看起来较宽松。或者也可以把字间距都统一调大，统一字距。对于标题而言，为了使相邻文字的字面看起来协调，可以把每处标题的字距都成比例地缩小。因为文本框里的文本不能通过 Basic 排版，为了改变文本框文本每一行的字数，在实际情况中，字距会在不同的媒体上灵活运用。

重归于好了

### 调整字距的各种方法

大好きなチューリップをプレゼントして二人はすぐに仲直りしました。

大好きなチューリップをプレゼントして二人はすぐに仲直りしました。

[排满版]
排满版是一种像文稿纸一样，字距为0H的排版。其字间距等于文字字号的宽度。这是日语中最标准的排版方式。

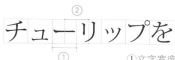

①文字宽度＝②字间距

大好きなチューリップをプレゼントして二人はすぐに仲直りしました。

大好きなチューリップをプレゼントして二人はすぐに仲直りしました。

[均等缩小法]
把文字间的空隙统一缩短的排版方法叫作"均等缩短法"，通常会把字距缩小为1H和0.5H。在文本框中，文字的字距可能会比排满版的字距还小。

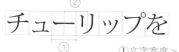

①文字宽度＞②字间距

大好きなチューリップをプレゼントして二人はすぐに仲直りしました。

大好きなチューリップをプレゼントして二人はすぐに仲直りしました。

[均等扩大法]
把字距扩大、同时把单行文字延长的排版方法叫作"均等扩大法"。虽然均等扩大法使用的频率比均等缩小法要低，但这种方法可以使文字看起来较宽松。

①文字宽度＜②字间距

大好きなチューリップをプレゼントして二人はすぐに仲直りしました。

大好きなチューリップをプレゼントして二人はすぐに仲直りしました。

[比例缩小法]
不以假想方格为框架，将相邻文字之间的间距缩小的方法就叫作"比例缩小法"。用这种方式缩小字距时，文字之间的距离是不固定的，可以根据不同的文字和字体，来选择最合适字距的缩短距离，和改变每行文字的字数和单行长度。

チューリップを

①

## 突出文字的方法

以杂志版面的排版为例，杂志概要中的标题和大标题都需要突出表现。本节将介绍如何突出标题的方法。

在杂志版面中，大标题和小标题都是向读者提示该页内容的文本。在有些出版物中，页面上的广告词有时也会发挥和标题同样的作用。跟正文相比，标题通常很短，能让读者在一瞬间把握该页的整体内容。为此，要在标题上下功夫，使读者一眼就能看到标题，并通过标题把读者的视线平稳地过渡到杂志后面的内容。在版面中突出文字的方法不止一种，但下文仅列举把文字字号扩大的简单技法。

### 突出文字的方法

[ 字体相同·级数相同 ]

夏期休業の
お知らせ
8月10日(月) ～ 8月16日(日)
盛夏の候、皆様方におかれましては
益々ご健勝のこととお慶び申し上げ

[ 字体相同·调大标题的字号 ]

夏期休業の
お知らせ
8月10日(月) ～ 8月16日(日)
盛夏の候、皆様方におかれましては

一般情况下，大字号的文字比小字号的文字更能吸引读者的注意，所以使标题字号明显大于正文字号，能起到凸显标题的作用。

[ 改变标题的粗细·调大标题的字号 ]

夏期休業の
お知らせ
8月10日(月) ～ 8月16日(日)
盛夏の候、皆様方におかれましては

[ 改变标题的粗细和行距 ]

夏期休業の
お知らせ
8月10日(月) ～ 8月16日(日)
盛夏の候、皆様方におかれましては

通过改变标题字体粗细，能够突出标题。如果进一步保障较宽的行距，给标题留下足够的空间，则更能突出文本中的关键内容。

[ 变更标题字体·调大标题的字号 ]

夏期休業の
お知らせ
8月10日(月) ～ 8月16日(日)
盛夏の候、皆様方におかれましては

[ 改变个别文字的大小 ]

夏期休業の お知らせ
8月10日(月) ～ 8月16日(日)
盛夏の候、皆様方におかれましては

改变字体并把字体调整为黑体，也能起到装饰的效果。这样的方法能够使文字更显眼，但同时也要注意，应该重点突出吸引读者的注意。

## ■ 使版面协调

　　标题作为杂志的标志，一般都会处理得特别显眼，因此处理标题时需要特别注意其美观的问题。如果标题杂乱无章，会让读者对杂志的整体印象大打折扣。所以编辑标题时，应该注意版面的协调和美观，同时使标题符合杂志页面的风格。

［排满版］

行首未对齐 ── 片假名、拗音、促音和约定符号前后空隙太多

「トラフィック
HIGHWAY」10月
ついに映画公開！！

文字较少的标题，不用像正文那样排版，一般只要一行就够了，需要换行时从标题文本的某个独立部分断句就可以了。为了尽量扩大文字字号，要注意运用成比例缩小字距的排版方法。排满版容易给人留下字距宽松，且不整齐的印象，为此需要注意调整字面，调整每处间隙的缩小量，使字距看起来较为均等。尤其是对于字距较大的片假名、促音、拗音和约定符号，一定要注意缩小这些字符的字距。

↓

［调整文字间距离］

「トラフィック
HIGHWAY」10月
ついに映画公開!!

缩小符
↑ト↑ラ↑フ↑ィ↑ック
扩大符
HIGHWAY」^^10月
扩大符
ついに映画公開!!

不管是扩大还是缩小距离，都要细心哟！

好期待这部电影！

### 约定符号、拗音和促音

约定符号就是以逗号、句号、括号类和疑问符为代表的各种符号。拗音和促音就是像あいうえおやゆよつ一类用小号平假名和片假名表示的符号。满版的版面中，会特意给各种符号和促音留出空隙，为了使标题看起来紧凑且显眼，需要缩小字距。如果要成比例缩小这些字符的字距，就要通过外观来把握字距缩小量。但是过度缩小字距，会使这些字符跟其他文字重叠，难以断句。因此，要注意把字距调整到合适的大小。

［括号类］

（） 〔〕 {} 【】 ""

［连接类符号］　［断句类符号］

… ……　・：；、。！？

［其他符号］

@ ＃ ％ ＆ ／ ＋ ＊

※ 常用符号被收录在 116 ～ 117 页。

# 文字要素在版面中的功能

除了正文和标题，杂志版面中还有其他各种各样的文字要素。理解不同要素的功能，并选择合适的样式进行编辑。

## 不同文字的不同功能和样式

文本中主要的文字要素可以分为小标题、页码、页眉标题和图解 4 种，本节将介绍这 4 种文字。小标题跟大标题不一样，它不需要对文章内容做大致的划分，只需要让读者能够一眼就了解文章内容就可以了。有时会将小标题放在行首。页码就是每页所在的页数，页眉就是在页面内对书名和章节名的标注。为了不妨碍正文的排版，页眉应该采用不太张扬的样式。图解是对图片的解释，要使用比正文小的字号。

### 小标题的样式

〔横向排版〕

[ 字号和行距跟正文相同 ]

> 春はなぜ眠いのか。
> 『春眠暁を覚えず』という言葉の通り、
> 春はとにかく眠い。見渡せば、犬も
> 猫も鳥も蛙も女の子も男の子もみん
> な眠そうな顔をしている。というのも

↓

[ 调大字号·标题上下各空一行 ]

> 春はなぜ眠いのか。
>
> 『春眠暁を覚えず』という言葉の通り、
> 春はとにかく眠い。見渡せば、犬も

↓

[ 调大字号·第一行空格·标题占四行 ]

> 春はなぜ眠いのか。
>
> 『春眠暁を覚えず』という言葉の通り、

在编辑小标题的时候，其字号、字体和粗细都要区别于正文。标题可以分为大标题、中标题和小标题，根据标题的排序，需要选择与之对应的样式。编辑标题的样式有两种，一种是本文介绍的让标题占据好几行空间的方法，另一种是在行首留空格的方法。

〔纵向排版〕

[ 字号和行距跟正文相同 ]

> 春はなぜ眠いのか。
> 『春眠暁を覚えず』という言葉
> の通り、春はとにかく眠い。見
> 渡せば、犬も猫も鳥も蛙も女
> の子も男の子もみんな眠そう
> な顔をしている。というのもあ

[ 调大字号·第一行空格·标题占四行 ]

> 春はなぜ眠いのか。
>
> 『春眠暁を覚えず』という言葉
> の通り、春はとにかく眠い。見

[ 调大字号·标题上下各空一行 ]

> 春はなぜ眠いのか。
>
> 『春眠暁を覚えず』という言葉の
> 通り、春はとにかく眠い。見
> 渡せば、犬も猫も鳥も蛙も女

呼~噜~

## 页码和页眉标题的样式

页码和页眉是为了提高检索效率，在页面空白处（版心外）添加的一类特殊的文本。通常，一本书都会使用相同格式的页码和页眉，字号也会比正文小，与版心之间会留下足够的距离。

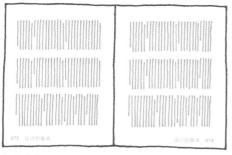

上图是将页码和页眉放在一起，安排在杂志地脚和翻口部分排版的例子。

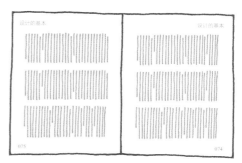

上图是将页眉标题和页码放在靠近翻口的位置，页眉标题和页码分别放在天头和地脚的例子。人们一般都会把页眉标题放在天头，页码放在地脚。

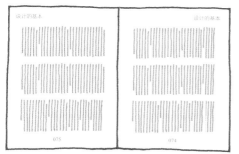

上图是把页眉标题放在天头或翻口，把页码放在地脚或中央位置的例子。此外，也有把页码放在翻口附近，页眉标题放在中央位置的例子。

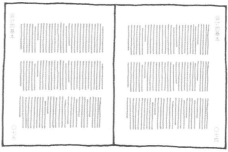

页码和页眉标题也可以纵向排列在翻口的一侧。纵向排版时，为方便阅读，页码数字应使用汉字形式。

## 图解的样式

对照片、插图等进行补充说明的文字就叫作图解。在编辑图解时，要注意图解与相对应的图片的间隔。图解既不能离图片太远，也不能离图片太近。

这是图解安排得比较好的案例，单行文字长度和图片宽度一致，增强了图解和图片的整体感。

这是图解安排得过于靠近图片的案例，这样会使读者弄混图片和图解，难以阅读。

单行图解的长度不一定必须要跟图片宽度一致。图解可以向左右某一边对齐。

要尽量避免出现上图中的情况，图解可以向左侧对齐，但单行文字长度不应超过图片宽度。

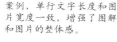

在版式设计中，如何处理图片

# 图片的排版

在杂志版面中放入很多图片（或照片），是通过视觉将信息准确传达给读者的重要手段。
通过梳理不同图片的功能和性质，能方便编辑选择最合适的排版。

## 改变图片形状

本节将介绍排版中常用的图片，以及如何对图片的形状进行编辑。因为杂志版面有限，在有限的版面中还得放入文字等多种要素，不对图片进行处理就直接排版的情况非常少见。兼顾版面协调的同时，改变图片大小，裁剪部分图片，对处理过的图片进行排版。但是，在处理图片时如果没有特殊原因，不应该改变图片的长宽比。此外，不能把图片涉及主题的重要部分裁剪掉。如何正确地处理图片，正是考察一个排版人员编辑技术的标准。

### ◢ 杂志版面上处理图片的几种类型

［长方形］
通过裁剪图片的一部分，可以使照片成为一个长方形，同时能给读者留下一个整齐划一的印象。

［圆形］
如上图，图片可以被裁剪成圆形。圆形与长方形相比在设计上显得更精致，图片的封闭感更强。

［裁剪轮廓］
在处理图片时，可以沿着图片中某个形状的轮廓，裁剪出图片的某一部分。通过强调图片的主题和图片形状，可以使杂志版面更有动感。该方法是一种较为灵活的编辑方法。

### ◢ 图片形状的几种类型

［圆角长方形］
把长方形的四角裁剪成圆形，能使图片变得圆滑。这种形状介于长方形和圆形之间。

［加影长方形］
在图片的外框加一层投影，能使图片在杂志版面上看起来更立体，能增强图片的真实感。

［加框长方形］
在图片的四边加上一层修饰框，能使图片在杂志版面上看起来像一幅独立的作品。

［裁剪轮廓时带有部分背景］
裁剪时不一定必须完全按照图片轮廓裁剪，可以把轮廓周围的部分也保留在图片上。与严格按照轮廓裁剪相比，图片能显得更具现场感。

## 裁选是什么?

裁选是一种放大图片时,把周围不必要的画面修剪掉的一种处理图片的方法。通过裁选除了能把图片多余的部分裁掉外,还能改变图片构图和图片外框的长宽比,起到突出图片主题的作用。这种处理图片的方法能够合理运用杂志版面有限的空间,使图片更美观。本节介绍的编辑方法就是裁选。

[ 图片原图 ]

[ 均匀 ]

均匀地把人物四周的图片裁选出来,使人物更接近图片中心。

[ 留白 ]

朝特定方向裁选图片,被裁选部分和留白能在很大程度上改变构图。

[ 改变长宽比 ]

纵向大幅裁选图片,改变图片长宽比,使图片纵向的长度短于横向。

## 裁剪

裁剪是一种尽量放大图片的裁选方法。通常,排版的各个部分都能放入版面,因此,裁剪是一种特殊的方法,使图片覆盖到页面边缘。为了防止印刷时的误差,在电子稿中,最后的定版线要比开本尺寸多留出 3mm 的宽度。

—— 出血线

—— 定版线
= 开本

[ 长方形图片 ]

[ 跨页裁剪 ]

[ 单面裁剪 ]

# 图片的处理方式和图片的形象

相同的素材，因为图片处理方式的不同，呈现在杂志版面上的形象也不一样。

本节将介绍几个具有代表性的排版案例。

## 图片的位置和形象

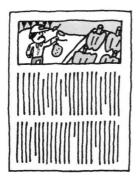

[把图片放在杂志版面顶部的例子]

杂志版面顶部是比较显眼的地方，把图片放在页面顶部，可以使视觉处于中心位置。但是，把图片放在顶部也会使得版面略显沉重，给人一种不太协调的感觉。

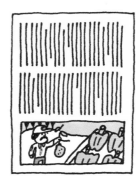

[把图片放在杂志版面底部的例子]

把图片放在杂志版面底部，能给人一种比较平稳的感觉。这种排版方式，以文本为中心，可以让人静下心来阅读。图片作为文本的补充，起到陪衬的作用。

[把图片放在杂志版面中央的例子]

把图片放入版面中间，文本分别排版在图片的上方和下方。杂志版面整体上是对称的，给人一种安定感。因为将图片放在了文本的中间，所以这样的排版能加强版面的动感。

[不同大小的多张图片排列]

在排列多张图片时，不同的图片裁剪成不同的大小，借此表示它们之间的优先顺序，改变阅读节奏。较大的图片比较显眼，也更容易吸引读者的注意。处理图片的一个标准作法是把主图放大。

[相同大小的多张图片排列]

把多张大小一样的图片规则地排列，能反映出这些图片的同等重要性。这样可以使版面看起来画风沉稳，并表现出重复排版的节奏，但也要注意避免使版面单调。

[改变图片的倾斜度]

改变图片的倾斜度，兼顾其他要素和版面的整体效果，能使版面更活泼、更具跳跃感。读者不会讨厌充满动感的版面，相反读者讨厌散漫的版面。

# 在杂志版面上处理图片时的注意事项

在编辑图片时，需要遵守很多规则。本节将通过几个代表性的例子介绍应该注意的事项。

## ▇ 覆盖订口的图片应注意的事项

图片可以放在杂志版面的任一位置，但是翻页的媒体，需要注意图片覆盖订口的情况。因为订口是书本装订的地方，因此在订口附近的要素一般都很难阅读。但在排版时，可能会出现一张照片横跨两页的"跨页"现象，这个时候，应该通过裁选让图片中的重要部分与订口错开。特别是拍摄的人物照片，为了避免不必要的麻烦，应该谨慎排版。

## ▇ 被摄体的视线

被摄体的视线不是排版时必须考虑的要素，但是在编辑图片时需要考虑被摄体视线的方向和动作，对图片进行编辑。就人物的视线来说，在人物视野的前方留下较宽的版面可以给人留下平稳且少变动的印象。

## ▇ 裁选

在裁选图片时，应该保留的部分要清晰地保留下来，不需要的部分要裁剪干净。要避免把被摄体拦腰截断，出现使画面违和的情况。

原图

[注意像素]

在处理内容较多的图片时，其在杂志版面上的大小要根据像素决定。将原图的一部分大幅剪裁后这部分图片的画质也会变得粗糙。应避免对图片不合理地裁选，要把握好裁选的程度。

# 在排版中对颜色的灵活使用

颜色不仅影响人的视觉，还会对人的心理产生影响。
在排版中，颜色是非常重要的要素，对处理信息和调整版面整体效果都很重要。

## 排版中颜色的作用

就排版中颜色的作用而言，可以分为两大类。第一类是对排版要素进行分类，并展示它们之间的关系。此外，还能起到突出特定要素的作用，还能对信息进行整理。第二类就是通过配色在杂志版面上表现出版面的整体形象，控制读者对杂志版面的整体印象。

在排版时，千万不能随意选择颜色。在艺术方面，颜色侧重于人的色觉感受，在排版中，颜色的搭配要注重明确表现排版的目的和意图，比艺术更具功能性。

### ◤ 通过颜色对信息进行分类

 →

涂有同一种颜色的数种要素，能够在版面上使联系较强的图片易于识别。颜色被完全改变的要素之间，表现了不同分类之间，各自不同的要素。这是通过颜色对排版内容进行整理的一个案例。在本案例中，背景没有通过颜色区别的版面让人难以分清各个内容，给不同种类的内容分别涂上不同的颜色，使得读者能在相应的区域找到相应的内容。

### ◤ 通过颜色强调某些要素

嚯~

 →

为了放大排版的某一要素，使其在版面中更显眼，可以在版面中的颜色上下功夫。这也是利用颜色处理内容的一种方法。在单色的背景中，仅将其中一部分涂上显眼的颜色，能吸引读者的注意。如左图，"50%OFF"被设置成了红色，这样，读者就知道这部分的内容很重要，使读者能较容易地理解杂志版面内容。

## ◤ 对颜色进行微调

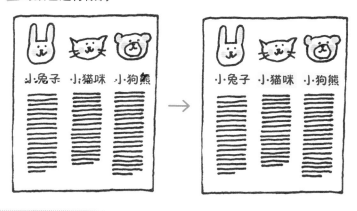

颜色的微调，就是在规则单调的颜色中，添加微小的变化，使颜色有张有弛。颜色也能像"音调"一样灵活运用，通过跟空白处颜色的对比，使杂志版面发生变化。就时装而言，"音调颜色"属于"加错色"，能使版面整体显得紧凑。不要过度使用，通过点状使用能起到较好的效果。

## ◤ 因对比色不同，版面产生的变化

多种颜色组合使用的时候，选择哪种颜色因人而异。比如，如果选择红色系或者绿色系这一对对比色，那么这两种颜色所覆盖的内容也是明显不同于彼此的。如果选择了同种色调或者同类颜色，那么被同类颜色覆盖的内容就会被同化，暗示读者这些内容是属于同系列的。

## ◤ 颜色和可读性

杂志封面上的字体多采用黑墨油打印，通过改变颜色，来描绘特定的形象，起到整理信息的作用。但是，在对文字进行配色的时候，也要考虑到是否会影响阅读。可读性这一点是很重要的，特别是颜色的明暗度和颜色的深浅。以白色为底时，颜色较浅的字体会影响阅读，选择颜色较深的字体会易于阅读。像这样，不仅考虑到文字本身的颜色，还要考虑到文字周边版面的颜色，才能选择易于阅读的字体颜色。

[ 黑色字 ]　　[ 明度较低的有色文字 ]　　[ 明度较高的有色文字 ]　　[ 颜色较浅的高亮文字 ]

高 ◄─────────── 可读性 ───────────► 低

看得好清楚！

看不清……

# 颜色的选择会左右杂志版面的整体印象

在杂志版面上选择颜色时，配色也要适当地展开。依据主图配色上的细节和在杂志版面上想表达的主题，选择合适的颜色进行搭配。

## 选择颜色的要点

杂志的配色，要根据读者的年龄、性别、嗜好和杂志版面，对想表现的形象，综合考虑并进行配色。就全彩印刷的媒体来说，虽然只使用几种颜色，但是也要考虑颜色之间的协调。如果在一个杂志版面上使用过于丰富的颜色，就会给人留下版面散漫、所传递的内容含糊不清的印象。总之，在选择颜色时，首先要将主颜色和关键颜色确定下来并进行使用。同时，将使用的颜色统一成同一色调，通过配色使颜色美观且协调。

### 选择主图的颜色

[原图]
作为主图，在杂志版面上会大量使用，配色这一环节会单独抽出，在配色时也有可以运用的技巧。在这里以杂志版面为例，作为主图的梅花图片的深粉红和淡粉红是一种象征。以这个为准，选择与标题文字相符的字体颜色。

[同系列的颜色]
以图片的颜色为中心，把标题的颜色调成浓粉红色，整个杂志版面能形成一种统一感。

[同一色调]
以淡粉红色为中心，选择同一色调的颜色作为标题颜色。虽然黄色和绿色看起来差别很大，但是因为统一了色调，会给人留下一种画面协调的感觉。

[对比色]
以深色的桃花为准，选择与之对比鲜明的绿色作为标题颜色。对比色能使画面显得有张有弛，但也要注意不要让整个版面因颜色显得太乱。

因为选择的颜色不同，杂志的版面也会彻底地被改变。

彻底地，喵！

## 从杂志版面出发，思考选择颜色

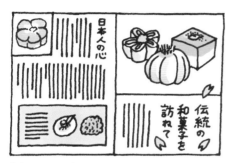

[主题：和风] ●●●○

和风风格的杂志：为在杂志版面上表现出和风的气氛，就要使用日本传统绘画中的颜色。和色（译者注：日本传统的颜色）能直截了当地表现出和风的风格。静寂风雅的概念很深，画面表现出了一种安定的氛围。

[主题：意大利风] ●●●○○

以某个特定国家为主题的杂志版面，要采用代表这个国家自然和文化特征的颜色，强化读者在版面中对这个国家的印象。参考国旗的颜色等象征性的要素是一种有效的作法。就这个个案来说，就把三色旗（绿、白、红）作为意大利的特征表现了出来。

[主题：春] ●●●●○

表现季节感的配色也很重要。在春天发行的印刷物和以春天为主题的杂志版面中，应该首先使用容易使人联想起樱花的淡粉红色和属于柔和色调的浴室色调是最合适的。通过合理地使用暖色调和冷色调，就有可能在杂志版面上表现出温暖和寒冷的感觉。

[主题：高档感] ●○○○

颜色也能表现出抽象的形象，比如，沉稳的深色能表现出高档的感觉，艳丽的原则更容易表现出廉价的感觉。高品质的商品广告，应该使用能表现高级感的颜色，同时也要根据媒体的特性用心地使用颜色。

版式设计中的方法论

# 对齐

对文字和照片等要素进行统一排版,能明确各要素之间的联系,更便利地传递信息,使杂志版面从规则和端正的排版中产生美感。

从这里开始说明排版的理论。

## 关联性、统一感和秩序产生的效果

在有限的空间中,为了高效地传递信息,第一步就是要考虑使各要素对齐。使各要素对齐,对情报进行整理是必要的。这需要考虑各要素的意思,并考虑整个杂志版面到底想表达什么内容。当将各要素乱哄哄地排在版面上时,每个要素之间的联系就无法表现出来,通过排版将各要素对齐,就能比较各要素之间的联系,把各要素之间的联系表现出来。这样,在视觉上也便于读者理解。此外,即使存在照片和文字等不同种类的要素,如果能在版面上用一条线作为标准,对各要素进行排版、对齐和调整,整个版面就会显得有秩序,也会显得美观。对齐的方式可分为向左对齐、向右对齐和向中间对齐。

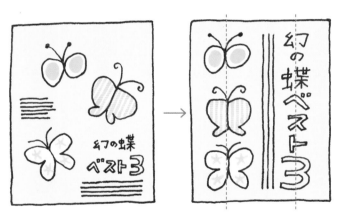

[纵向对齐排列]

左图(从左往右第一幅图)中,要素(蝴蝶)是随意排列的,对于读者来说,这种版面很容易干扰其视线。右图(从左往右第二幅图)中,要素被排成一纵行。各要素向中间对齐能表现出各要素的联系。在各要素之间留出等距的空隙,能使各要素之间的差异被较明白地表现出来。配合文字,也排成一列,并向中间对齐。这样,杂志版面就能形成统一感了。

[横向对齐排列]

左图(从左往右第一幅图)中,要素(5只蝴蝶)散漫地排列在版面上。这样的排版让人体会不到各要素之间的关联性。右图(从左往右第二幅图)中,各要素横向对齐。这样排版表现出了各要素之间各自不同的关联性,使得内容便于整理,使读者更容易地了解版面主题。此外,各个要素下面的横线也是协调一致的,整个版面的排版给人留下了整洁的印象。

版式设计中的方法论

# 重复和节奏

当某个要素在版面中重复出现时，这个要素也更容易给读者留下印象。如果在重复中加一些变化，使其富有节奏，也会给人留下好心情。让我们挑战一下，如何制作出令人印象深刻且极富动感的杂志版面吧。

## 重复排版时必要的条件和制造节奏的方法

对某一要素重复排版，容易给读者留下较深刻的印象，也易于阅读。为了使读者能感受到重复的规则性，使各个要素的形状、大小、颜色和色调保持某些共同点是非常重要的。这些都要按照一定的规则进行排版，继而产生整体感，使排版显得明白易懂。虽然"重复"能表现出整齐划一、有秩序和严谨的感觉，但是有时也会显得单调和枯燥。这时候，就要在重复中加入"波动（变化）"。表现"节奏"的手法有很多种，包括大小、位置、颜色和形状等。在"重复"中，规则地加入一些"波动（变化）"，就能使版面产生节奏。

[ 同一形状的重复 ]

[ 通过上下错位表现出的节奏 ]

[ 通过改变大小表现出的节奏 ]

就形状和大小相同的长方形要素而言，如果在排版中不断重复，整个排版就会显得严谨沉稳。至于记述相关内容的文本，也要遵循相同的规则，进行类似的重复，这样就能使读者的视线不至于错乱。一方面，从纵向方向上看排版要素，在杂志版面上就会表现出节奏感。上右图中，其版面的节奏就是上、上、下、下、在版面上以这种节奏重复。这是一种令人愉快的、较轻松的排版。接着，在左图中，各个要素的大小和排版的倾斜角度也不一样。虽然版面第一眼看上去显得很随意散漫，但是从中还能发现要素在按照大、小、大、小这一规则排版。这样杂志版面就显得充满活力、朝气蓬勃。

就算是相同的素材，给人的印象也完全不一样！喵！

还真是这样！

版式设计中的方法论

# 对比

在张弛有度、充满活力的版面中，"对比"这一手法是不可或缺的。通过对比，能将想表达出的东西明确地表达出来。

对比是什么？

好有趣

## 各种各样的对比方法

对比涉及的方面很多，比如大小、直线或曲线、粗细、物体的朝向和远近等。如果是照片，就裁剪成长方形；如果照片是特写，就需要通过放大和移动来重新构图。就色彩的对比而言，可以通过明度、彩度和颜色深浅对比出来。将构成要素进行对比，就能在杂志版面上把想让读者看见的、想向读者传递的东西清楚地、活灵活现地表现出来。此外，还有可能深化杂志页面想传递出的主题。通过对比表现出的反差越大，版面就显得越充满活力、张弛有度。通过对比表现出的反差越小，排版就显得越拘谨。根据杂志版面的主题和想要表现出的形象，可以选择相应的方法进行排版。

［大小的对比］

左图中大小相等、主题相似的长方形写真被均匀排在版面中，在相对平淡的杂志版面中，照片并没有给人留下什么深刻的印象。右图中，只有一张照片被放大了，通过图片大小的对比，在版面中形成了对比，整个杂志版面也因此显得更有张力。

［粗细的对比］

就相同的文字而言，部分地改变文字的粗细，或改变文字给人的印象，能够使其给人的印象或深或浅。如果所有的文字都均匀单一，过于单调的文字会给人留下非常微弱的印象。如果仅过分强调某个单词，而使文字变粗，就能在适当的地方吸引读者的注意，形成富有吸引力的构图。一般而言，越重要的文字会越粗，字号也会越大。

# 韵律

通过一点改变，能改善整体效果，使版面变得紧凑丰富。出色地
使用韵律，是使排版更上一层楼的秘诀。

## 韵律就是集中表现几个点

当排版单调、缺乏变化时，为了吸引读者的目光，需要使用的技巧点就是韵律。通过韵律的变化，颜色、形状、大小和质感都会发生改变，使之处于与其他部分不同的状态。一般情况下，韵律都会用于想强调的地方。但是，如果韵律使用得过多，整个版面就显得乱糟糟的，版面也会变得很俗气，可能反而使得应该突出的要点被埋没而没有突出。此外，即使韵律使用得不多，过于强调某一部分也可能使得排版偏离主题，既而打破色调上的平衡。使用韵律的时候，突出强调某个点的同时，也要考虑版面整体的平衡，既而达到"要点在这儿"的感觉。

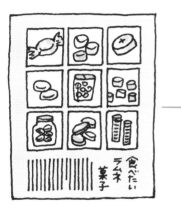 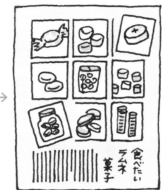

[ 通过韵律调动要素 ]
将同等大小的要素等间隔地排版，虽然能留下严谨的印象，但也会显得太中规中矩。仅移动右上和左下两张照片，调整其角度，就能让版面看起来很轻松，也能显得很新颖。要素的大小没有改变，原来给人留下的严谨的印象也没有变化。

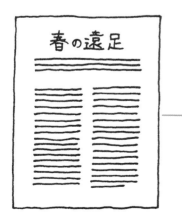 

[ 韵律可以通过改变文字的
底色来体现 ]
标题和正文文字的字号大小是有差别的，如果背景全都使用同一色调的颜色，版面就会给人留下死板、僵硬的印象。只把标题文字部分铺上背景色，会使整个版面一下子变得更华丽。通过颜色来表示韵律时，空间和颜色浓度之间的关系很重要。在较多的空间中，使用较浓的颜色会使其给读者留下的印象较深。当颜色较浅的时候，版面上安排的空间就要少一点；当颜色较深的时候，版面上安排的空间就要多一点。这样效果会比较好。

改变文字自身的颜色，也可以调整版面的韵律。

版式设计中的方法论

# 协调性

协调性好的版面到底是什么样的？关键就在于三角形构图。这种构图是一种
不会破坏人的自然视线，让人感到安定、安心的一种构图。

## 协调性良好的三角形构图

协调性的意思是平均和均衡，协调性欠缺的版面，各要素之间看起来会很不协调，会使读者在阅读时有一种不安的感觉。在版面上左右均等地安排要素，是一种基础的排版类型，能给读者留下较安稳的印象。然而，在上下两部分均匀排版的时候，上面一部分的排版一般要比下半部分的占比大。关于排版，把版面想象成三角形能便于理解。如果

把版面上的各个要素想象成一个点，然后在版面上把这些点用直线连接，就能形成一个三角形，因此三角形构图是非常理想的。三角形构图的版面能引导读者的视线，并让读者觉得阅读时视线的移动很自然，不管视图在版面上半部分，还是下半部分，在人的视野中三角形构图都是平衡且美观的。

[ 版面下方占比较大的
三角形构图]

将图版放在版面的下半部分，是一种有意识地将版面重心放在下半部分的三角形构图。一般而言，图版和文章相比，图版的视觉效果要好一些，不用占据太多的版面，也能给人留下深刻的印象。以右图为例，右图中版面的重心就放在了版面下方。由于版面的重心放在了版面下方，因此整个杂志版面给人一种稳重感，能让读者感到安心、稳定。在版面左右两侧均衡排版，也能让杂志版面显得沉稳。

三角形的构图哟！

啊？

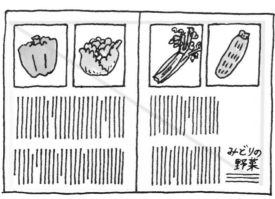

[ 版面上方占比较大的
倒三角形构图]

将图版放在版面的上半部分，是一种有意识地将版面重心放在上半部分的倒三角形构图。这种构图保留了三角形的形式，因此读者的视线能舒缓地移动。因为版面重心被上下颠倒了，所以版面富有动感，但是因此版面会缺乏安定感。在保证三角形构图的同时，通过改变角度和方向，能在版面上表现出跃动感，并形成明显的对比。

## 融合

把形象、形状和颜色等完全不一样的要素整合成一体的排版，就叫作"融合"。
通过相同的背景色和搭配，在各种要素之间制造共同点的时候，各要素就会发生融合，
信息也就能较顺利地传达出来。

### 乱糟糟的排版是表达不出信息的

把多种要素联系在一起，安排在同一杂志版面中的时候，"融合"是必须要考虑的一种手段。不考虑内容的关联性，就把版面上各要素乱糟糟地放在一起的排版，会让读者读不懂版面上的内容。在排版时，应将有共同点的要素安排在一起。关联性较弱的要素之间要留出空格，其背景和周围要配上相同的颜色，通过裁剪使各要素对齐，并添加共同的符号。这些都是为达到融合的效果所采取的技巧。通过这些排版技巧，可以整理版面内容，通过排版使版面形成整体，就能把想传递某些内容的页面，制作成明快、易懂的杂志版面。在排版的时候，要从寻找各要素的共同点开始。

没有对材料进行整理。

[通过背景色，将松散的物品融合在一起]
右图中，不同大小的要素松散地排在版面上，感受不到各种各样的要素之间的联系性。通过同样的底色，各个要素的背景被融合，使得整个杂志版面形成了一种整体感。

[通过搭配，将松散的长方形图版融合在一起]
上图是由大小和纵横比不同的图版构成的版面，就原图而言，不能感受出不同图版之间的联系。设计过的数字像符号一样搭配，使各图版相关联，能够达到融合的效果。

变好看了！
喵！

版式设计中的方法论

# 网格状排版

信息量较大、空间较多的版面中，网状排版能派上用场。通过网状排版，就能制作出规则的、严谨的杂志版面。

## 方格纸一样的网状排版

网格状就是将版面分割成像方格纸一样的格子状。网格状排版就是在被分割成格子状的版面里，将各种要素高效地进行排版的设计。通过网格状排版，能将文章和图版等版面要素按照方格状对齐，使版面变得整齐，展现排版的规则性。通过这种排版方式，能使得要素多且复杂的版面显得有统一感，版面清晰。尤其是对于页数较多的杂志，这种排版方式能发挥更大的效果。然而，如果网格状版面中单个方格太大，会显得版面过于统一且单调，方格太小则会显得排版过于随意，可能会有损版面的统一性。方格组合方式的不同，使得网格状版面有各种各样的变体，使用这种排版方式需要下功夫。

[ 把单页版面分成15格的网格状排版示例 ]

图版被分成了天头、地脚和中央3个部分，按照所画方格的大小调整图版大小。天头的部分用作留白或者标题，这样能使读者觉得版面开放性很强。将图版进行整理更容易表现排版所要表现的形象。

此外，这种排版还有很多其他的特征。

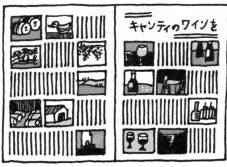

右边页面的上边一部分空出来用于放置标题，其余部分都按照方格排列，在各个方格中安排文本和图版、成比例地、协调地进行划分。这种排版比较适合信息量较大，需要介绍各种不同要素的杂志版面。

如上图，左右两页页面各留出两列方格，在空出的方格里排列图版。这种对称的版面容易形成对比，便于较深入地理解内容。

# 自由排版

自由排版能使版面显得富有动态、充满活力。即使是自由排版，精密的
计算和平衡也是必要的手段。

## 将多种要素丰富地表现出来

自由排版是与网格状排版相反的排版方式。文字和图版不是按照预先设定好的位置排列的，而是进行自由排版。这样，能制作出令人印象深刻、充满活力的杂志版面。不用按照某种规则，对多种要素进行排版，能使版面显得有活力，且令人印象深刻。然而，不管排版风格如何自由，自由排版也不一定就是一种适当的排版方式。排版时，需要考虑应当在版面中突出哪种要素，应该如何保持版面协调，又该如何灵活地表现出各种要素，这些问题都是排版时必须考虑的。当图版被裁剪并单独使用时，自由排版的效果就会更加明显。网格状排版是一种基本的排版方式，在这种排版方式上稍加改进，并同时进行自由排版，能较容易地保证版面的协调。

[ 使用裁剪出的照片
　　　进行自由排版]

当图版被裁剪并单独使用时，动态的、热闹的、快乐的和充满活力的感觉能通过自由排版表现出来。即使信息量较大，自由排版也能使读者阅读时不感到沉闷紧张，这是自由排版的一个好处。但是，这样一来，版面的留白也会显得很随意。怎样使得版面整体不会失调、灵活地表现各种要素和如何使得读者的视线不会迷失，都需要仔细地考虑。

因为很容易弄混，所以不要忘记整理内容。

[ 在网格状排版的基础上
　　　进行自由排版]

左图在网格状排版的基础上，对内容进行了自由排版。右边页面的版面，几乎是按照网格状，采用不同的倾斜角度进行排版的。左边的页面在注意利用网格状进行排版的同时，不同程度地调整了照片的大小和倾斜角度，打乱了原来网格状的版面，较自由地编辑了图版。就算是自由排版，也注意到了网格，使得排版过的版面看起来很协调。

# 留白

留白不是偶然随意留下的空间，留白处理方法的不同，能改变读者对版面的整体印象。根据杂志版面的目的，可以有计划、有意识地对留白进行运用。

## 留白处理方法的不同，能改变读者对版面的整体印象

留白是指既不安排图版也不安排文字的空白空间，留白部分较少的版面，内容会显得紧凑且充满活力。相反，留白部分较多的版面能给人留下典雅的感觉。此外，在主要文字和图版周围留下一定宽度的空白，能凸显该要素。因为在留白的衬托下，能使得该要素好像浮在版面上一样，有些留白方式能起到自然的引导视线的效果。杂志版面天头、地脚和左右两侧的留白要根据版面的大小决定。总之，要考虑杂志版面整体布局和杂志出版的目的，对版面进行设计，然后决定最后的排版样式。

给人张弛有度和有跳跃感的印象。

[留白较少]

为了让各种各样的图版看起来大一些，排版时留白就要少一些。这样通过较少的留白，就能充分利用版面，在杂志版面上使得每一张图版能尽量显得大一些，进而表现出每张图版的个性和魅力。这样，就能让每张图版都清晰地表现出来。

右边的排版就显得很典雅。

[留白较多]

把要素安排在版面的中心，在周围留下更多的空白，这样，就能使得版面典雅且高端。版面的四周虽然留白较多，但是图版之间的间隔却不大，整齐地排列在一起。这样的杂志版面能使各个图版不是很分散，整体感强，给人某种印象和营造某种气氛。

## 图版率

排版时，既有只有文字的杂志版面，又有放入了大幅图片的杂志版面，不同特征的版面又有什么样的效果？拥有怎样的特征？了解不仅可以影响杂志版面的整体印象，还会左右可读性的图版率，能帮助你找出一个协调的、最合适的比例。

### 图版率和易读性的关系

在杂志版面中，与文字相对而言，照片、插图、图表等图版要素占整个版面的比例叫作图版率。图版率低（文字多）的版面，会给人严肃且略显呆板的感觉。图版率高（文字少）的版面，则会给人一种亲切的感觉。在视觉效果上，文本的可读性和图版率也是成比例的。当读物是杂志版面的主体时，插入 10% 左右的图版和留白是排版时的一个要

点，与图版率为 0% 的版面相比，前者能大幅提升出版物给人的"第一印象"和"易读性"。然而，就杂志版面的主旨和杂志的目标而言，也可以考虑进一步提升图版率，并不存在图版率一定要调到百分之几的说法。根据内容和主题，选择一个协调的、合适的比例是非常重要的。

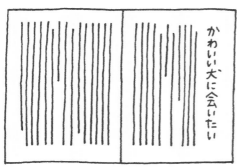

[ 图版率为 0% ]
仅有文字组成的版面，很多词典和小说的图版率为0%。

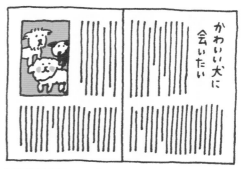

[ 图版率 20%~25% ]
图版和文字的比例大概是 2：8。但即使这样，版面给人的印象也改变了很多，整个版面都因此变得亲切可爱。

[ 图版率 50% ]
图版和文字对半分的时候，图版和文字都显得非常灵活。一般情况下，50% 的图版率能给读者留下易于阅读的感觉。

[ 图版率 70%~80% ]
图版和文字的比例大概是 7：3，主要内容是图版的杂志适合这种比例。绘本一般会使用这种比例。

版式设计中的方法论

# 图版的对比率

与改变图版本身的形象相比，把图版所占版幅增大的比例叫作图版的对比率。
因为图版对比率不同，图版给人留下的对比效果和平稳感也不一样。

## 图版之间面积的差别

在同一页面中，面积最小的图版和面积最大的图版的比例叫作"图版的对比率"。对比率越高，该图版在版面中就越显眼。比如，活动类的图版应该看起来更具动感，平静的图版应该看起来更安静。对于静态的图版而言，提高图版率并不能使图版看起来更欢快，

但是却能在很大程度上改变版面给人的整体印象。对比率较大和对比明显的杂志版面上，会给人留下版面张弛有度的感觉。对比率小的杂志版面，则会给人留下平稳的印象。

[ 对比率高 ]
杂志版面 1/4 大小的照片和为最大限度地使用版面空间而裁剪出的单面页面大小的照片，都可以排在杂志版面上。这样，杂志版面就能充满活力，排版也变得张弛有度，图版也因此能显得更加欢快，临场感和对比感都能表现出来。想让读者看见的内容，通过这种排版方法能清楚地表现出来。

[ 对比率低 ]
左右两页图版的大小跟上图的例子相比，都要小一些。虽然这样对比感不强，但是这能使杂志版面显得平稳。图版欢快的感觉没有改变，但是能使读者抱着一种轻松的心情来阅读，给读者一种身心平静的感觉。

# 文字的对比率

在同一版面中，表示大号文字和小号文字两者大小相差的比例叫作文字的对比率。文字对比率越大，版面就越显得活跃，文字对比率越小，版面就越显得典雅。

## 思考并选择合适的对比率

就杂志而言，杂志版面上有"大标题""小标题"和"正文"等各种各样的文字要素。在大多数场合，除了图解以外，正文是字号最小的文字。以"正文"大小为准，"大标题"和"小标题"的大小比"正文"多出的比例就是文字对比率。一般而言，对比率高的版面会给人一种"健康""年轻（孩子气）"

的印象，容易吸引人的眼球。然而，如果使用方法错误，排版品质就会下降，消息的可信度也会有下降的风险。一方面，对比率低能使杂志版面显得"安静""成稳"，看起来很典雅。另一面，对比率低也会给人一种平淡的感觉，不会给人留下深刻的印象，让人觉得版面好像没有用心被排版过。

别忘了看第一段。

[对比率低]
在上图中，有表现内容的说明性文字、标题和说明书本销售情况的文字。

[对比率高]
标题文字的字号比其他文字都要大，因此对比率也高。重要消息一眼就能看见，并能成功地引导视线。放大了的字体能在杂志版面上给人留下或深或浅的印象。

在做广告呀！

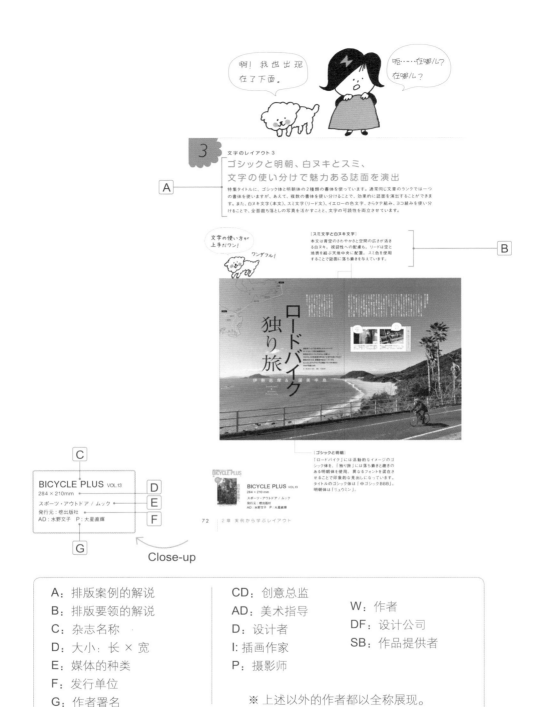

- 排版案例的解说、排版要领的解说是本书编辑部就所见媒体的主观印象所写的内容。如果与发行单位和制作者的意图相违背，敬请原谅。
- 本书所刊载的文章内容是媒体发售、出版时的内容。如果本书中有与现行的商品、服务和内容不同的地方，以及发生产品制造、贩卖、展销等场合结束的情况，敬请见谅。
- 就作品提供者本身的意图而言，一部分数据并没有刊载在本书中。
- 各企业相关的股份制公司、责任有限公司等法人资格的标志在本书中被省略。

# 2

## 从实例学排版

了解了排版基础理论知识以后，让我们来看一些设计出色的
杂志和广告宣传单的案例。通过大量优秀的案例，我们可以
从中学到排版的技巧。

文字的排版 1

## 使用对比率高、表现力强的黑体，能够使版面活灵活现

通过大胆地使用文字，可以将杂志特刊用引人注意的方式表现出来。版面上的引文文字量偏大，要使其吸引人，可以使用黑体，通过字体的大小变化，使杂志版面充满生气。因为使用黑体字可能会使得版面看起来黑压压的，有碍读者阅读。但通过合理地编排，选择性地使用老式黑体字也是可以使文字易于阅读的。文字对比率，以及背景色和文字的对比都可以仔细考量。

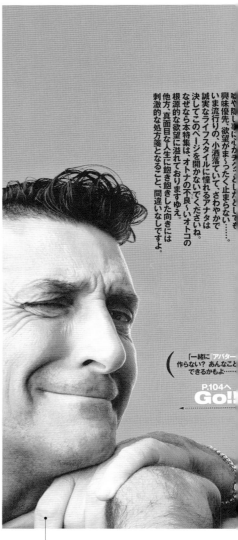

令人印象深刻的杂志版面。

大胆风格的排版，喵！

LEON 2015 年 5 月号
284mm×226mm

男性的生活方式 / 杂志
发行单位：主妇和生活
P：前田晃　AD：久住欣也（HdLABInc.）
HAIR：AZUMA（MONDO-artist）
MAKE：ARIKAWA（MONDO-artist）
STYLING：井嶋和男（BALANCE）
Figure：桐岛罗纳多（AVATTA）

［ 大胆地裁剪照片 ］
照片中靠近脸的部分被大胆地裁剪了。把充满活力的标题放在和照片对称的位置上，可以一下子吸引读者的注意。

# 38 の知ってはいけないモノとコト

真面目なオトナが

いい人なアナタは早くお家に帰りなさい！

仕事に打ち込み、ふと気づけばもうこんな時間。休日は家族を尻目にそそくさゴルフに出掛けて行って、隙あらば女のコと高級レストランでデートを画策。スーツにカジュアルにと散財を繰り返す。子供の頃に夢見ていたスーパーカーに心躍らせガレージを見やれば

写真　前田晃[マエデコ][P.90-91,P.236-237,P.242-243]
編集　脇本龍[SIGNO][P.92-93, P.106-109,P.118-119,P.125,P.127,P.170-173]
蜂谷聡実[FOREST][P.92-93,P.112-113, P.118-119, P.125, P.127, P.246-247]
林敏一郎[FOREST][P.94-97], 仁木岳彦[P.98-99]
久保田有男[OWL][P.100,P.120-121,P.186,P.238-239,P.244-245,P.248-249]
SHINMEI[SEPT][P.100-103,P.182-185],小林孝至[P.238-239]
野口貴司[San-Drago][P.236-237], 福本和洋[マエデコ][P.104-105,P.240-241]
玄内宏充[KIPS][P.178-179], 渡辺修身[SAMMY STUDIO][P.110-111,P.114-117,P.234-235]　スタイリング　井嶋和男[BALANCE][P.90-91,P.106-109,P.118-119],五十嵐誠[P.100-103, P.182-185], 中島貴史[P.94-97],久城一郎[P.110-115], 五十嵐安芳[P.100-103, P.112,P.242-243],四方章師[P.114-117, P.186, P.240-241,P.244-245]
稲田一生[P.118-119,P.187]　ヘア　AZMA@MONDO-artist[P.90-91]
メイク　ARIKAWA@MONDO-artist[P.90-91]　ヘアメイク　宮林道保[P.94-97, P.170-173,P.118-119, P.127, P.240-241], 古川純[P.100-103, P.182-186]
Ryohei Katsuma[マスキュラン][P.110-111,P.114-117,P.242-243]
古田重づき[P.102-103, P.182-185]取材・文　池田保行[04][P.92-93, P.125, P.127]
芥川貴之流[P.94-97],いとう ゆうじ[P.100-103, P.110-111, P.114-119, P.244-245]
竹内俊之介[シティライフ][P.104-109, P.170-173, P.182-185, P.234-235]
長谷川剛[04][P.112, P.242-243],福田和生[P.113]
編集顔[P.120-123,P.98-99, P.236-237, P.178-181,P.187, P.189], YULI*YULI
[P.174-175,P.244-249], 小鷹番[P.176-177], 河野辻士[P.178-181]
中村孝昭[186], 寺田道子[P.191], 藤村亀[P.182-185], 瀬川倭平[P.240-241, P.246-247]
関口じゅん[P.251], 大石智子[監修　小林朋弘[P.253]
イラスト　黒池秀行[P.106-109], 桑原爵[P.191], 白柳みたんば[P.92-93], 山崎真理子
[P.174-175], マップ　地図屋もりそん[P.174], 不真面目なつ野み　榎松英土

好漂亮的修饰

署名要放在最右边，看起来酷酷的！

文字的排版 2

## 漂亮的明朝体和充足的留白能使杂志版面变得典雅

在版面上留足留白，即使大胆地搭配使用纵标题和横标题，也能使得杂志版面给人清爽的印象。不管是横向还是纵向，只要字符的大小发生变化，视线也会受到影响，从而让人清晰地感受到主题的变化。因为字距较宽，版面上的明朝体更具美感，杂志版面也会显得更加典雅。巧妙地使用留白，能起到突出文字和照片的效果，提高消息的可读性和文字的可辨认程度。

沉稳的页面！

喵！

作家·柏井壽さん
ホテル・ジャーナリ

絶景

Sekine's select

P.064-P.069
吉祥CAREN
（静岡県·伊豆温泉）

P.052-P.057
海椿葉山
（和歌山県·
紀州南白浜温泉）

P.040-P.045
海のしょうげつ
（愛知県·西海·山海

Profile
せきねきょうこ

ホテル・ジャーナリズ
ト。フランスの大学を
修了後、スイスでの実
務、フランス語通訳を
経て1994年から現職。
ホテル·旅館の「環境
問題、癒し、もてな
し」をテーマに取材執
筆。著書は「Discover
Japan TRAVEL 一度
は行きたい世界のホテ
ル＆リゾート」ほか
www.kyokosekine.
com

033

[ 对比率低的文字 ]
应该按照不同的比例控制文字要素的大小。通过灵活地安排留白，能够使杂志版面显得静寂和安稳。

［老式明朝体］
汉字笔画末尾的上挑和下画都体现了文字的美感。在选用"粗明A101"字体的基础上，字间距也要留下足够的空间，这样就能达到将特写集"优良的"品质表达出来的效果了。

［给人印象深刻的标题文字］
作为标题的文字从左向右流畅地横向排版，标题最后两字纵向排版。改变字符的大小和排列方向是非常大胆的设计手段。

うこさん 選

の 湯

Kashiwai's select

P.046-P.051　　P.034-P.039
強羅花扇　　　庄助の宿 瀧の湯
泉）　　　　　（福島県·東山温泉）
（神奈川県·強羅温泉）

Profile
柏井 壽

京都府生まれ。京都市北区で歯科医院を開業するかたわら、生粋の京都人であることから京都関連の書籍、生来の旅好きから旅のエッセイを執筆。「極みの名旅館」（光文社新書）はじめ、近著に「京都の路地裏」（幻冬舎新書）、「ゆるり 京都ひとり歩き」（光文社新書）

が あ る

Premium Hotel

教えてもらいました！

とっておきの絶景温泉がある宿を

旅館とホテルのスペシャリストのお二人に

［Discover Japan］でおなじみの

そんな眺めのいい温泉がある名宿をご紹介。

心地よいもてなしがあれば最高だ。

温泉に加えて、美味しい料理や

のびのびと絶景を楽しめる温泉も魅力的。

温泉もいいけれど

じっくり泉質を楽しむ

名

宿

Discover Japan Travel
日本的名泉
280mm × 210mm

旅行手册/杂志书
发行单位：枻出版社
CD：千叶直树　AD：森道华子
D：坂本美沙　DF：皮克斯

［效果较好的较宽的留白］
这样的留白能提高文字的可读性和可辨认性，从而成功地为杂志版面营造出典雅的感觉。

65

## 在杂志版面上分类使用黑体、明朝体、白色镂空字体和黑墨体能展现出富有魅力的杂志版面

　　特刊的标题使用了黑体和明朝体这两种字体。通常，如果文章内容重要程度一致，需要使用同一种字体。也就是说，如果使用了多种不同的字体，就能使杂志版面看起来层次更加明显。此外，白色镂空的文字（正文）、黑体字（引文）、黄体字，加之通过横向排版和纵向排版的交替使用，以及整张照片的裁剪使用，会使文字的可读性都得到提高。

要善于使用文字！汪汪！

Wonderful!

[ 黑墨体和白色镂空字体 ]
正文中，白色镂空文字排版的背景色是舒适的天蓝色，空间感也很饱满。这种排版方式考虑到了视觉上的可辨认性。引文放在了天头和地脚的中间。使用墨色使得杂志版面显得沉稳。

[ 黑体和明朝体 ]
"ロードバイク"使用的是动态的、令人印象深刻的黑体。"独り旅"则是沉稳和富有趣味的明朝体。混合使用大小不同的字体，使标题显得令人印象深刻。标题使用的是"中黑 BBB"——黑体和"龙明体"——明朝体。

BICYCLE PLUS voL.13
280mm×210mm

运动 户外/ 杂志书
发行单位：枻出版社
AD：水野文子　P：大星直辉

## 大胆地处理标题文字，能收到意想不到的惊喜

在排版中，可以大胆地放大标题，使其与单色调的照片相对比。使用的线条中没有修饰性的内容，即没有装饰性的字体（无截线体），可以在版面上展现出表现力极强的现代感。标题文字中的每单个文字都上下错位排列，其中最后一个文字的末端延伸到版面外（裁剪）。通过这种手法，能使标题显得具有动感。另外，引文文字排头与标题的一部分对齐，可以使得版面看起来很协调。

［段首对齐］
H 的左边与引文文字的段首对齐。即使随意地排版，也会在某个地方体现出规律性，继而使得版面看起来很沉稳。

［大胆地处理文字］
标题文字是像套环一样的粗细一致的"BaronNeueBold"体。标题文字在错位排列的同时，最后的"E"的末端在版面上被裁剪，表现出了动感。

［单色调写真的效果］
在背景色较淡的背景下组合使用单色调的照片，可以突出文字和语言的表现力。这样可以给读者留下想象的空间，把版面按流行的风格展现出来。

warp MAGAZINEJAPAN 2015年5月号
296mm×234mm

男性时尚/杂志
发行单位：Transworld Japan
（封皮）P：MasatoshiNagase　AD：ShiroKojima　DF：RICHBLACKinc.
Styling：TakahiroMiyajima（D-CORD）　Hair&Makeup：SayoriOhara（MAKES）
（中页）P：KojiSato（P28），NaotoKobayashi（P29上），ToshiakiKitaoka（P29下）
AD：ShiroKojima　DF：RICHBLACKinc.　Styling：MasatakaHattori（P28），KeitaIzuka
（P29上），TomoyaYagi（P29下）　Hair&Makeup：Nakano（P28）　Hair：JunGoto（P29上）

招标题放大后放入版面，能使版面的各部分内容看起来更具整体性。

Nice !

## 5

文字的排版 5

# 为展现主题和主旨可以将标题设计得更幽默一些

　　排版时，大胆地使用幽默风格的字体来综合展现主题和主旨，可以使杂志版面变得更加欢快。在版面中，黑体能吸引读者的注意，用小标题的形式表现的店名使用了黑体，而且小标题还采取了横向排版。为了使阅读方便，正文使用了明朝体并按纵向排版。一般情况下，小标题和正文的排版方向是一致的。但是如果黑体字和横向排版能较好地搭配，后者也能更好地吸引读者视线。

粒粒饱满的豆豆。

可爱喵！

[ 字体和排列方向 ]
店名使用的是较粗的黑体，并按照横向排列。
正文为使读者阅读方便，使用了纵向排列的明朝体。
文字的排列方向要根据字体的特性来区别使用。

文字的错位
排列好可爱！

冒号
棕色……

四条大宫

京菓子司
亀屋良長の
まろん

取材 文 いなたみは
写真 沖本 明

まろん

コロン

[ 衬托标题的留白 ]
设计时，正文地脚
留白较多。版面没
有排满正文，通过
留白，凸显了标题
的跳跃感。

[ 文字的错位排列 ]
标题文字迎合了主题的形状和形
象。通过将文字倾斜一定的角度，
来使得标题富有动态，这也是错
位排列的一种。通过错位排列，
可以使杂志版面更有亲切感。
标题中假名的字体是"游筑36
点假名 W5"，汉字的字体是"龙
明体 M-KL"。

购买随手礼 关西篇
257mm×210mm

生活 指导/杂志书
发行单位：京阪神Lmagazine公司
（封皮）AD、D：津村正二 P：沖本明
编辑：须波由贵子
（中扉页）AD、D：津村正二

## 6

文字的排版6

## 最大限度地展现文字的魅力，使杂志页面富有动感

　　使杂志页面富有动感的是文字！本页的作品使用了不同字号和各种字体，表现力出色。图解的主要部分纵向排列，附属部分横向排列，这样更能增强版面的动感。将文字环绕排版，可以很好地突出强调裁剪后的照片。灵活运用文字的特点，可以在杂志页面上表现出不同的形象。

[ 裁剪式排版 ]

通过裁剪式排版，可以使一部分文字看起来好像从杂志页面上被裁掉一样。文字间的间隔比较小，文字的表现力也很强。

因为是骑马订本，排版的时候文字很靠近订口。

咖啡好喝吗？

汪汪

Mono magazine 2015年4-2号
280mm×202mm

男性生活方式/杂志
发行单位：mono online
编辑：Mono magazine编辑部　P：石上彰
排版：Favorite Graphics

[ 文字的环绕式排版 ]
环绕式排版是指将文字环绕裁剪出的图片进行排版的方式。这样的版面能使咖啡在图中更加突出，也清晰地表达了杂志版面的主题。

[ 文字的表达 ]
主图中，纵向排版的黑体和横向排版的明朝体形成了对比。这样的对比使杂志版面富有动感和变化。黑体选用的是"黑体MB101U"，明朝体是"龙明 HKL"。在排版时，这两种字体在版面上的粗细被改变了，处理后才在排版时使用。

世界20か国の
生産地から
生豆を輸入

「珈琲店」を
「コーヒー屋」にした立役者

一般的な熱風焙煎に
比べ、時間・コスト・
技術を要する
直火焙煎を
採用

DOUTOR

ドトールに行ってしまう理由。

写真 gami 文 Dick Johnson 協力http://www.doutor.co.jp/

STARBUCKS
RESERVE®
展開店舗は53店舗で、
その中で"CLOVER"
を採用している
店舗は27店舗

た豆を記していく

に揃う豆の
は約16種類

ブの店舗に
豆の種類は
約20種類

CLOVER設置の
第一号店は
「銀座マロニエ通り店」と
「京都三条烏丸通り店」

1962年に焙煎卸売業
としてスタート、ショップの
誕生は1980年。
本社は渋谷

関東と関西に自社焙煎工場

ブレンド11種
＋ストレート6種

人々を
明るく前向きな
気持ちにさせるところ

## 易于阅读的版面——
## 纵向排版

当文章内容较多时，为方便阅读，排版时需要清楚地把内容表达出来。为此，选择适合大多数人阅读的字体、字号，以及合适的单行文字的长度、行距和字距是非常重要的。此外，留白也是很重要的。留白较少时，版面会有压迫感，读者会失去阅读的兴趣。此外，关于新闻报道和问答环节的内容，用不同颜色将文字分开会便于阅读。

[ 易于阅读的字距和行距 ]

文字较多的文章，要选择易于阅读的字体和字距。行距过窄或过宽都会阻碍阅读。例文中，日语的字体是"游黑体"，西文的字体是"AvenirLTStd45Book"。字号为 11.5Q，行间距为 20.5H。

[ 留出空白 ]

案例中，版面被分为 5 个部分，最上面的一部分留下了足够宽的空白，使版面空间看起来较为充足。当排版中涉及的文字较多时，有一点非常重要：杂志版面看起来应该没有压迫感。

[ 改变文字颜色 ]

对采访内容进行排版时，提问和回答两部分可以用不同的颜色区分开来。提问的部分如果能用小标题的形式表现，文章会更加易于阅读。

要注意版面上方的留白。

CYAN ISSUE 004
297mm × 232mm

女性美容 生活方式/杂志
发行单位：Caelum
P：长弘进(D-CORD)  DF：Ampersands

# 易于阅读的版面——
# 纵向排版

　　案例中，标题大到能一下子吸引读者的注意力，但是不能过粗，只有标题"LEADER"使用了颜色，版面被划分为不同的网格，按照这些网格井井有条地排版。因此，版面像商业杂志一样表现出了高信度和稳健的形象。"跨页"的中间部分留有的空白，使版面看起来更加干净，让人平静。正文则按横向排版，使用了黑体字，这也是一种易于阅读的排版方式。此外，案例中的小标题少，使杂志版面显得较为平静。

### [ 文字的排列划分 ]

文字有引人注意的标题、将文章主题简洁地展示出来的副标题和引导读者阅读正文的引文。在选择字号时，对于这些具有不同功能的文字，需要选择与其功能相符的不同字号，以此将这些文字排序。西文标题的字号是108Q，日文标题的字号是28Q，引文标题的字号是11Q。

清楚易读的版面，一看就是商业杂志的风格。

呼呼~

# THE CHANGE
# LEADER

富士フイルムの新規事業戦略を支えた男
戸田雄三の信念

text by Makiko Iizuka | photographed by Jiro Mura

Yuzo Toda

### [ 跨页中间的留白 ]

沿着网格进行排版的版面，既不浪费空间，又使版面显得稳健。但是，如果能在跨页的中间留出部分空白，整个版面就会有一种高级感和令人身心平静的感觉。

### [ 易于阅读的横向排版 ]

从生理角度来讲，横向排版易于阅读。如果注意字体、字号、行距和单行文字的长度，横向排版的正文看起来更加平衡。
正文的字体是"小号的黑体字 StdW3"，字号是12Q，行间距是21.511H。

Forbes

### Forbes JAPAN

276mm × 206mm

商业/杂志
发行单位：Atomix media
DF：fairground

# 以长方形照片为主体的排版，能使版面看起来更像一个整体，继而表现出沉稳的效果

通过将长方形的照片作为版面的主体，一幅安稳生活的形象就在杂志版面上被展现了出来。不同的照片按大小可以分为大、中、小 3 个级别。此外，再将想表现出的形象按重要程度排序，就可以借助照片自然地引导读者的视线。案例中照片的色调和柔和的树皮色，通过明亮的照片统一地表现了出来。特写、引文和正文这 3 部分都是由墨色文字构成的，在此基础上，有色的图解使版面看起来更具有层次。

[ 正方形裁剪 ]
如果较小的照片都被裁剪成正方形，版面看起来整体感更强。此外，读者的视线也会较容易地被吸引到被摄物上。

[ 配有颜色的图解 ]
虽然图解配有颜色，但是因为字号和所占篇幅都不大，所以并没有影响杂志版面的整体性，反而增加了版面的层次感。

[ 照片的排序 ]
在很大程度上，照片的主体、形象和借鉴等因素决定了版面上照片的大小。照片的排序能在杂志版面上表现出平衡和动态，显出一个有节奏感的排版。

适度的留白使版面更清楚了！

tocotoco 2015年2月号
270mm × 206mm

生活方式 指导/杂志
（封面）AD：ME&MIRACO
P：键冈龙门
（中摩页）DF：ME&MIRACO
P：松元绘里子 编辑、作者：增田绫子
I：秋山花

# 10

## 版面中长方形照片较多时，可以通过排序和排列使版面更清晰

如果杂志版面上的照片篇幅和信息量较大，排版时就需要对内容、种类、过程等对展示的方式起决定作用的部分进行整理。照片的大小要按照内容划分，在展示流程时，要按步骤排列照片。如果每张照片都按规则排列，即使信息很多，也能使杂志版面保持整体感，且易于阅读。把"跨页"分为 4 列排版是一种很实用的排版设计，既能够将各种各样的最终效果图凸显出来，也能较好地引导读者的视线。

[ 分为 4 列的跨页 ]
案例中，杂志版面被纵向分为了 4 列。按步骤排列照片，是一种能引导读者视线的样式。它能从上往下，从右往左出色地引导读者的视线。

[ 照片大小的排序 ]
在版面中，用大篇幅的效果图表示最后结果，用小篇幅的照片表示过程，这样就能把每一个流程表示出来。最后，把照片分为"背影照"和"全身照"，将照片分级排序，通过排列不同大小的照片，将信息清晰地整理出来。

JJ 2015年4月号
294mm × 230mm
女性时尚/杂志
发行单位：光文社
DF：ma-hgra
P：金谷章平

编辑的基本任务就是

整理信息。

对于传递信息的排版而言，便于阅读这一点是很重要的。

# 在以长方形照片为主的版面中，
# 灵活运用节奏和平衡

案例中，长方形照片是版面中的主体，排版时采用了节奏感较强的自由式排版。将照片裁剪，使用长方形照片的部分图案，在版面上构成了有节奏的、沉稳的效果图。在右边的页面上，要素集中，改变左右两页面中间订口部分的留白，能使版面看起来更加平衡。

留白能将版面的轻巧感和明亮感表现出来，较小的图版率要与柔和的照片相对应。

［订口留白的变化］

右边的页面上，版面集中了各要素，左边页面的构图较为简单。改变页面展开后订口的宽度，能使版面看起来更协调。

［画线对齐］

标题、引文、小标题和正文的段首另外半边页面的天头对齐。即使各部分相隔一段距离，通过对齐也能表现出美感。

［图版对比率］

在上图中，照片中出现了柔软的花瓣，为了较好地展现这些图片，左右两页的图版大小都差不多。图版对比率较小的杂志版面看起来比较沉稳。

好可爱

照片太漂亮了，主色调与春天非常搭。

Cotrip magazine
vol.4　2015春
296mm × 234mm

生活 指导/杂志书
发行单位：昭文社
编辑、制作：Cotrip 编辑部
D；GRiD

## 照片在版面中作主角——
## 在版面上将照片整张裁剪的排版

　　将超出杂志版面范围的照片"整版裁剪"的版式能显著地表现出照片的魅力。此外，这种具有表现力的页面也能使杂志整体显得有节奏感。必须注意的是对文字信息的处理。无论将文字放在照片上的哪个位置的排版方式，都需要充分地考虑文字的颜色。使文字在不影响被拍摄体的同时确保文字的可读性是非常重要的。

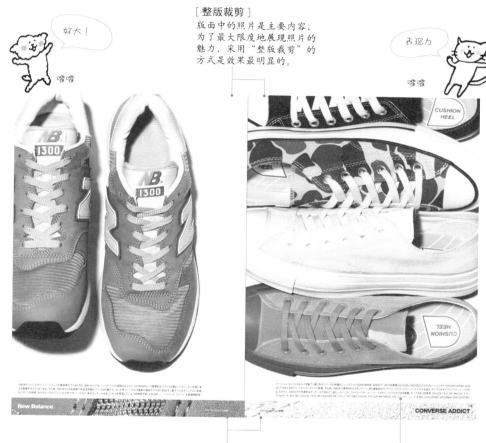

好大！ 嘟嘟

[ 整版裁剪 ]
版面中的照片是主要内容，为了最大限度地展现照片的魅力，采用"整版裁剪"的方式是效果最明显的。

表现力 嘟嘟

[ 搭配意识 ]
在左右两页杂志中，像上图一样，将照片的一部分统一，就能在页面间产生统一感，使杂志页面看起来更紧凑。

[ 图解的展示方法 ]
为了既不影响主照片，又不影响文字阅读，图解被以横向排版的方式安排在了图片下方。

Cotrip magazine
2015年4月号
296mm × 208mm
男性时尚/杂志
发行单位：创艺社
编辑主任：渡边敦男　AD：村田鍊
D：brown:design

# 13

图片的排版 5

## 在像相册一样的杂志版面上，
## 自由排版长方形照片

下图中，像明信片一样可爱的照片，被散漫地排列，在杂志版面上表现了春天的气息。

像这种排版，须要先控制信息量，将图版作为排版的主体。这样也能为下一个页面的展开埋下伏笔。虽然图版仅由长方形的照片组成，但杂志版面仍然展示出了节奏感。在整个杂志版面上镶嵌有温度感的插图，可以展现版面的华丽感和整体感。

［亮丽和统一感］
为了使各种各样的照片能够联系起来，在留白上会使用一些暖色调的插图。继而使整个页面产生华丽感和统一感。

［引导视线］
在主图中，标题大概占了一半的版面。图中的浅色文字选择了与版面氛围相搭配的纤细的明朝体，在字体上则分为汉字和假名分类使用。

［对齐］
虽然看起来版面很散漫，但是图片的末端还是对齐的，即在某一点上集中。通过对齐可以避免使版面看起来过于散漫。

Cotrip magazine
vol.4　2015春
296mm × 234mm

生活 指导/杂志书
发行单位：昭文社
编辑、制作：Cotrip 编辑部
D：GRiD

# 在排版时大胆地处理照片，
# 制作令人印象深刻的杂志版面

在左边的页面中，照片以脚后跟为中心，袜子和鞋也都清晰地表现了出来。在右边的页面中，为了突出镯子，靠近手腕拍了一张照片。两张对照性强的照片排在"跨页"上，同时两张照片都没有把模特的脸拍进去，大胆地将照片裁剪使用，照片视野的聚焦和拉伸在杂志版面上表现出了鲜明的形象。

[ 拉伸和聚焦的对比 ]
左侧页面中照片的镜头是拉远过的，右侧页面中照片的镜头是聚焦过的。将这两幅照片放在一起进行对比，是非常大胆的排版，这使得杂志版面显得令人印象深刻。

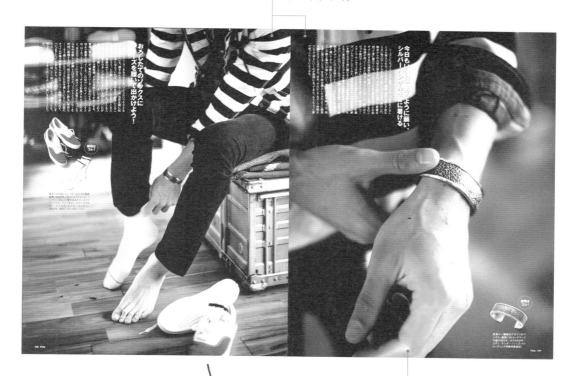

Fine 2015年4月号
297mm×235mm
男性时尚/杂志
发行单位：日之出出版社
AD：沟口基

[ 整版裁剪的照片 ]
将照片整版裁剪后，可以让照片看起来更直观。大胆地对照片进行裁剪，能更加突出实物的魅力。

不露脸的人物照裁剪是一种高级的裁剪方式。

图片的排版 7

## 照片中放入了手绘图像，
## 通过搭配表现出"可爱"的杂志版面

本案例是面向年轻女性，介绍女性用品的页面。以粉红色作为背景色，手绘的文字及插图和像贴上去一样的带子相搭配，逼真地表现出了"可爱的"杂志版面。就杂志版面设计的目标而言，将这样的搭配放入版面中的效果很明显。此外，下面右边页面中蓝色的对白框，在以粉色系为主的杂志版面上，起到了吸引人眼球的作用，使杂志版面带有层次感。

[ 逼真的搭配 ]

手绘的文字和插图和朴实的、好像贴在版面上的带子相搭配，表现出了实物感，使版面显得更加可爱。

[ 层次 ]

因为跟粉红色的补色相近，蓝色的对白框显得相对显眼，能吸引读者的视线。

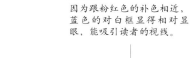

ELLE girl 3月号

276mm × 210mm

女性时尚/杂志
发行单位：Hearst 妇女画报社
AD：梶山泰代 P：小川久志
STYLIST：原 未来 I：NAZUNA

手绘的插图！
好亲切！

# 16

## 随意排版或大或小的圆形照片，营造出与主题相符的形象

本案例是介绍童装的页面。整个杂志版面都传递出了可爱和欢快的气氛。在本案例中，为了通过排版表现出与杂志版面相符的形象，版面上使用了各种各样的手法。首先，照片被裁剪成了大小不一的圆形，在版面上较自由地排列。其次，图解也与圆形的照片相配合，图解的文字像一条弧线一样，排列在照片周围。手绘文字和插图的配合，也能起到增强图片效果的作用。

原来圆形照片是这样使用的呀！

真可爱！

仅供参考。

nina's. 2015年3月号
296mm×220mm
女性的生活方式/杂志
发行单位：祥传社

[图解的展示方法]
与照片的形状相适应，图解应该沿着照片的轮廓排列，这样能使版面显得更可爱。

[不同大小的圆形图片]
与童装这一主题相符，在版面上展现出了可爱的感觉，这里使用了大小不一的照片。营造与主题相符的形象是非常重要的。

节奏和平衡 1

# 视线从上往下自然流动的
# 重心偏上的版面

　　将长方形照片均等地排在左右两个页面上，使版面成为一个重心在上的倒三角形，这是一个重心在上的版面。重心在下（版面重心偏下）的版面能表现出威严而稳重的安定感。与之相比，重心在上的版面给人一种不稳重的感觉，但能表现出动态感和空间感。在本案例中，在版面上部的照片和版面下部正文之间留有空白，这个空白能起到将视线自然引向版面下边正文的作用。

[ 留白的效果 ]
版面上边的照片和版面下边的正文之间留有空白，这样能将读者的视线自然地引导到版面的下面。

[ 重心偏上 ]
将长方形照片均等地排版在左右两个页面上，使版面成为一个重心在上的倒三角形。这是一个能展现空间感的重心在上的版面。

マイク・エーブルソンが感じる
暮らしの中のクラフトワーク

ecocolo
No.68(2014 Autumn&Winter)
187mm × 257mm
女性的生活方式/杂志
发行单位：ESPRE
AD：峯崎Noriteru
P：白川青史　I：Mike Abelson

这是重心偏上的版面（版面比重偏上）。

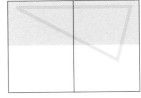

节奏和平衡2

## 通过版面上部的留白将视线向下引导的
## 重心偏下的排版

在下面的左右两个页面中，商品信息被紧凑地排在版面上部的中央部分（订口侧）。因此，读者的视线像倒三角形一样，从版面上部的中央部分，自然地引导到了版面下部的照片。这就是通常所说的"重心偏下的排版"。为了使想展现的内容出色地展现出来，页面整体内容的重心要放在哪儿、各要素的排版和留足使版面平衡的留白都是关键点。

[ 令人印象深刻的裁剪 ]
在左右两个页面中，经过裁剪后，仅展示一部分商品的照片展现了令人印象深刻的效果。在右边的页面中，商品照片的倾斜式排列，起到了主动将视线向下方引导的作用。

[ 保持平衡的留白 ]
文字被紧密地排了在中央的空白位置，这些文字都是与商品相关的信息。这样空白就能显得相对较多、较宽的空间，使版面下半部分的长方形照片显得不单调。

PRODISM
2015年4月号
296mm × 208mm
男性时尚/杂志
发行单位：创艺社
编辑主任：渡边敦男　AD：村田鍊
D：brown.design

这是重心偏下的版面（版面比重偏下）

# 在排版中注意将照片对称放置
# 在版面上形成变化和节奏

　　将裁剪好的照片放大，然后分别排在左边页面的上半部分和右边页面的下半部分。此外，将截取后的商品照片和文章分别排在左边页面的下半部分和右边页面的上半部分。首先，读者的视线会从左边的大照片斜向引导至右边的大照片，使版面显得有节奏感。将长方形照片对称地排版，在杂志版面上可以展现出变化和动感。

[ 对称的排版 ]
在左右两个页面上，裁剪后的照片和截取后的商品照片摆在了对称的位置上，在杂志版面上表现出了变化和动感。

Fine 2015年4月号
297mm×235mm

男性时尚/杂志
发行单位：日之出出版社
AD：沟口基树(mo'design inc.)

这就是点对称的构图。

好酷哟！

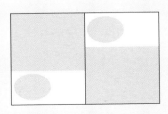

# 从中央向四周引导视线的对称式构图

　　首先，读者的视线会被吸引到中央有两张模特的长方形照片上。围绕主图布置了很多小物件的照片，因此视线会接着被吸引到这些照片上面。本案例是以中心线为轴的线对称构图。这样，就使得模特的视线和动作，以及读者的视线都朝中心线看齐。

颜色和对话框的位置，在左右两个页面上要区分开来。

这样就能显得版面有层次感。

[ 被摄体的视线 ]
模特的视线和动态都朝中心线看齐，营造了对称的效果。要想灵活地排版，就需要像这样挑选照片。

[ 对称排版 ]
这是左右两个页面以中心线为轴的对称式构图。这样，读者的视线就可以从中央被引导至四周。

**ELLE girl**
3月号
276mm × 210mm
女性时尚/杂志
发行单位：Hearst　妇女画报社
AD：梶山泰代　P：酒井贵生
STYLIST：一山佳子

# 21

富有动态的排版

## 编排裁剪后的照片，
## 在杂志版面上表现出动态和节奏感

在本案例中，杂志版面用写生本的形式来展示。这种形式与通常的方法不同，但能在杂志版面上展现动感和欢乐感，给版面增加新鲜的魅力。截图能起到凸显被摄体的作用，照片背后增加的阴影进一步增加了动感，在版面上增添了节奏感。

［裁剪后的照片］
在带有边缘的截图上增添阴影效果，看起来就像把自己喜欢的照片贴到写生本上一样。

［写生本风格的搭配］
橡皮擦、圆规和笔等物品的衬托，使杂志版面整体看起来更像写生本。手绘的插图和手写的文字进一步加强了这种印象。

都是细功夫！

笔、圆规和橡皮擦

［带有动感的排版］
照片上的模特均带有动感的发型和姿势。这些照片不是整齐地排列的，而是带有动感的，进一步在版面上传递出了动感和欢快感。

CLASSY. 2015年4月号
294mm × 232mm

女性时尚/杂志
发行单位：光文社
D：副岛香（封皮）平冈规子（中芯页下）/（中芯页上）/P：竹内裕二（封皮）/清藤植树（中芯页下）/仓本GORI（中芯页上人物）/草间智博（中芯页上 静物）

# 通过长方形照片将杂志版面均等地分割
# 在版面上，营造时髦和沉稳的形象

跟 92 页的杂志版面相比，在照片的处理、模特的姿势和文字的信息量等几方面都能形成对比。长方形框内的长方形照片，显得干净利落，给人一种变化较少的"静态"印象。长方形照片，因为排列方式、裁剪的变化，整个照片的形象也会发生变化。在本案例中，杂志版面被裁剪成 4 列，在版面上形成了流行且安静的氛围。

［分成 4 份的杂志版面］
通过长方形照片，版面被均等地分割成对称的构图。这种构图在版面上给人安定感，使杂志版面与沉稳的男性时尚形象相符。

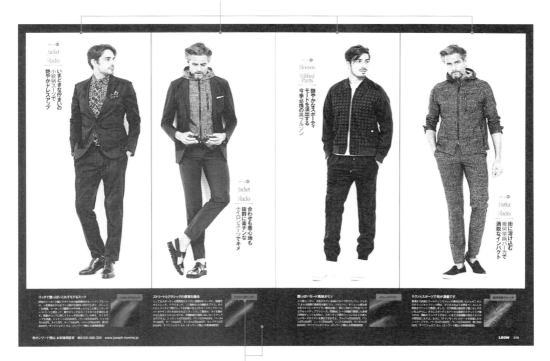

［黑色的背景色和点缀的颜色］
与主题(这里指模特的服饰)相符的、具有存在感的黑色底色衬托出了杂志版面整体的界限。与黑色底色相对应，作为点缀的深红色显得既明显，又使版面显得张弛有度。

LEON 2015年5月号
284mm × 226mm

男性的生活方式/杂志
发行单位：主妇和生活社
P：片桐史郎
AD：久佳欣也
HAIR&MAKE：星隆士
STYLING：井鸠和男

这是一种能凸显照片的版面。

绝对酷炫！

# 23

沉稳的排版

## 使用裁剪好的照片和长方形照片的
## 较静态的版面

　　一般情况下，想要使杂志版面变化更多，会使用裁剪后的照片。在左边的页面中，留白较多，有一种静态的高级感。版面下半部分则是商品说明，虽然使用的是与杂志版面气氛相符的简朴式版式，但通过铅线，可以使版面便于读者理解并传递信息。在右边的页面中，分别使用近镜头和远镜头拍摄的两种照片上下排列，在杂志版面上表现出了浪漫的感觉。

［较宽的留白］
留有较宽的留白，能使人感到舒适，继而在版面上营造出一种高级的感觉。裁剪后的照片会给人留下积极的印象，而案例中的留白则给照片增添了静态的感觉。通常，留白都能达到这样的效果。

［远镜头和近镜头］
上面的照片是在动态中拍摄的，下面的照片则是在静态的条件下拍摄的。两张照片上下排列，在版面上营造了一种浪漫的氛围。

［搭配铅线］
虽然版式较简单，但是通过铅线，消息被整理得易于理解。

vikka
2015年4月号
297mm × 230mm

女性时尚/杂志
发行单位：三荣书房

好漂亮！

浪漫

Biu~

# 使用裁剪好的照片和长方形照片的较动态的版面

与 94 页相同，下图也在排版中使用了裁剪好的图片与长方形照片，斜体的标题和斜线相搭配，通过黄色的底色衬托，形成了内容丰富、热闹的杂志版面。但是，因为图中文字使用了墨色，使得整个版面看起来并不松散，内容也以易懂的方式表现了出来。通过将裁剪好的图片与长方形照片平衡地排列，在动态的杂志版面中，使各种各样的照片显得活灵活现。

［底色与文字的颜色］
将易于识别的黄色作为底色，文字则使用单一的黑色，借此避免给人留下乱糟糟的印象。

［均衡的排版］
沿着被摄体的轮廓，将裁剪好的图片和简单的长方形照片较均衡地排在杂志版面上，展现出了动感。

［热闹的杂志版面］
斜体文字的标题和斜线相搭配，白色的斜线可以为所介绍的物体分组。

Ranzuki 2015年4月号
284mm × 210mm
女性时尚/杂志
发行单位：文化社
P：小川健（will creative）（封一）
中津昌彦（Giraffe）（中扉页）
W：村上幸（中扉页）  DF：Magura

好开心！

看起来好丰富啊！

内容丰富的杂志排版 2

# 面向少女的
# 图版率和版心率较高的
# 鲜艳的杂志版面

右图是一张欢快热闹的杂志版面，因为图版率较高（照片等图版较多）、版心率较高（留白少），在版面上形成了热闹、活泼的气氛。此外，通过排版，使文字显得更加富有动感，在版面上表现出更多的跃动感。在信息量较多的杂志版面上，如何整理并展现文章内容也是非常重要的一点。在杂志版面上，通过底色可以突出花边文字。

出色地使用颜色框能起到整理信息的作用。

在这儿

在梯子上要小心

**nicola** 2015年4月号
278mm×212mm

青少年时尚/杂志
发行单位：新潮社
P：Hashimoto Norikaz（f-me）（封面）/
Kishimoto Yuki（中扉页）
cover Design & Logo：Arai Fumiko
D：midoriya（中扉页）

[花边文字]

在内容较多的杂志版面上，为了突出花边文字，可以铺上底色，使其与其他部分区别开。

[靠近照片]

图解文字沿着模特的动作排列，表现出了一种飞跃的动感。使用与衣服颜色相同的文字，也具有较好的效果。

[图版率和版心率]

下图是面向青少年的杂志页面，因为图版率和版心率较高，在版面上营造出了欢快热闹的气氛。

自由排版

## 图片较多的杂志版面的展示方法——
## 使用裁剪过的照片进行自由排版

通过自由排版，能够表现出大、中、小等不同大小的、裁剪后的照片。因此，杂志版面显得张弛有度，且有节奏感，显示出与户外运动杂志相符的、令人激动的效果。在信息量较大的杂志版面上，对信息进行整理，使其易于理解是非常重要的。为此，在注意照片大小和版面的同时，还要注意照片是否与图解相对应，在易于理解上下功夫是必要的。

[ 营造张弛有度的效果 ]
放在版面边缘能调节版面的节奏。为了避免使版面过于单调，将图版延伸到版面外缘是一种有效的排版方式。

[ 或大或小的截图 ]
在版面上排列大、中、小等各种大小的截图，排版时注意均衡，使杂志版面带有节奏感，同时突出每一件物品。

[ 图解的整理 ]
介绍多个物品的版面中，图解与照片是否搭配、图解是否易于理解是很重要的。

好热闹！

使用不同大小的照片，能使版面的气氛看起来很欢快。

OUTDOOR STYLE GO OUT
2015年5月号
296mm × 230mm

运动 户外/杂志
发行单位：三荣书房
D：张本勇　P：新城孝
W：板仓环　编辑：60 magazine

在假想的方格上排版

## 图片较多的杂志版面的展示方法——
## 使用裁剪过的照片进行网格式排版

数量较多的商品，可以在看不见的假想的方格上排版。在本案例中，照片的对比率低，虽然商品的实际大小各异，但是商品的照片不分大小，都整齐地排列在版面中。此外，图片下面的图解也采用同一样式，格式统一地排列在版面上。将照片整齐地排列后，每个商品的关联性看起来不大，但是整体性较明显。

[ 整齐中的变化 ]

虽然照片和图解都是按照网格排版的，但是照片上半部分超过了网格。在版面中，这样就能显示出变化。

[ 层次感 ]

以墨色文字为主体的杂志版面中，粉红色的心形和文字相搭配，增强了版面的层次感。

ELLE girl 3月号
276mm × 210mm
女性时尚/杂志
发行单位：Hearst 妇女画报社
D：梶山泰代 P：岩濑修一
STYLIST：原未来

## 给裁剪过的照片配上较多的文字，能使杂志版面看起来张弛有度

　　本案例中的杂志版面上，裁剪后的照片大小不一，这种版幅大小上的差别能给人留下深刻的印象。左右两张页面中，各有一张版幅较大的背包照片，比其他照片要大得多。因此，观者的视线会被首先吸引到背包上。在页面的中央，其他背包照片则大小差不多。不同大小的照片放在一起对比，使版面显得有张有弛。此外，照片被规则地排列，与图解搭配，使关于商品的信息被清晰地表现出来。

[ 图解的搭配 ]
具有艺术性的引伸线起到了连接照片和图解的作用。

有时要下定决心，试一试把照片放得很大看看。

放得很大!

放得很大! 汪汪!

[ 照片和图解的位置 ]
照片和图解一个在右一个在左。在对齐某一部分时，下面的图解向左缩进了一部分，从而在版面上产生了节奏感。

[ 高对比率的照片 ]
排版时，若图版的对比率较高，杂志版面会显得有更多变化，从而使版面看起来不单调。

Men's JOKER
2015年4月号
294mm × 233mm

男性时尚/杂志
发行单位：KK Best sales
W：今野曼　P：吉野洋三（TAKIBI）
DF：mashroom design

## 给裁剪过的照片配上较多的文字，
## 能使杂志版面看起来高雅、沉稳

　　图版对比率高的杂志版面能给人留下深刻的印象。与之相对，在本页的案例中，杂志版面中的照片大小相同，图版对比率低。在照片和文字的对比率较低的情况下，杂志版面会显得高级、沉稳。不管采用哪种类型，都要根据杂志版面的定位分类使用。此外，使用带颜色的文字和带颜色的铅线，能在不影响版面沉稳感的同时，增强版面的层次感。

符合目标受众口味的排版是很重要的！

读者们都是爱美的女性～

**[ 增加层次感的颜色 ]**
有色文字和带颜色的铅字能起到增加版面层次感的作用，继而在杂志版面上产生变化，避免版面单调。

夏日には半袖を登場させて
気温26℃以上

長袖一枚で軽やかな春本番
気温21~25℃

**[ 对比率低的照片 ]**
将大小差不多的照片整齐地排列，能使杂志版面看起来高雅、沉稳，使版面给人一种沉稳感和高级感。

**Natulan** vol.29 2015年春号
285mm×210mm
女性的生活方式/杂志
发行单位：主妇和生活社
AD/D：ohmae-d（整页）　P：tadaaki omori（封一）/
tomoya uehara（中扉页）Styling:eriko suzuki（iELU）（封一）/
shoko sakamoto（中扉页）Hair & makeup:kyoko fukuzawa
（Perle management）（封一）

## 版式设计——
## 纵向 4 列

虽然杂志和期刊中放入了各种各样的内容，但在一本特刊中，一般情况下，其中的文章都会使用同一格式。这里介绍的杂志版面，是一本将版面分为 4 列的特刊。此外，标题周围使用了相同的设计，在版面上表现出了整体感。但是，在每张不同的页面上，在版面上展现的图版的大小和形状（长方形／截图）也是不一样的，通过版式，可以根据图版形状，在空间上出色地对其进行排版。

[标题周围]
标题周围使用了相同的设计，
在特刊版面上表现出了整体感。

[图版的排版]
该案例采用了 4 列的版式，并根据图版的形状排版，图版表现出了出色的动态效果，吸引了读者的兴趣。

时空旅人
2015年3月号
285mm×210mm

趣味 实用/杂志
发行单位：三荣书房
AD：白石佑二
DF：白石事务所

## 版式设计——
## 横向4排

就杂志等定期刊物而言，其连载的每一期和每一篇文章的内容都是不一样的，但在排版时使用同一版式进行排版的情况比较多。本页介绍的杂志版面采用的是横向4排的版式。每一篇说明文字的篇幅和图版的大小都是不一样的，所以在排版时，要根据要素分成两排或4排，并注意分段。在对照片进行裁剪时，还要在版面的层次感上下功夫。

[版式的变化]

在纵向分为4段的版式中，根据说明的各个要素不同，图版的大小、文字的排列方法都发生了变化。

[朝中央对齐的版式可以增强整体感]

小标题分成了两排，文字朝中央对齐。在版面中放大的数字，与其他要素搭配，吸引了读者的注意。这既显示出了每篇文章的独立性，也表现出了杂志的整体感。

LEON 2015年5月号
284mm×226mm
男性的生活方式/杂志
发行单位：主妇和生活社
AD：久住欣也

展现颜色的排版 1

# 配合主题
# 使用令人印象深刻的关键色

"春天里的漂亮颜色"是杂志版面的主题。文章内容中所使用的黄色和粉红色，成为了杂志版面的主色调。只有使用与主题相符的颜色，底色、有色文字等才能在杂志版面上给读者留下较为深刻的印象。

好可爱！
一石二鸟。汪汪！

利用与主色调相符的颜色，可以起到整合内容的作用！

[ 在图解上下功夫 ]
通过使用作为主色调的黄色和作为底色的粉色，在版面上形成了一个单元，将图解都包括了进来。

[ 与主题相符的颜色 ]
与文章中介绍的物品的主色调相符，在版面上，底色和有色文字都被出色地使用。

Natulan vol.29 2015年春号
285mm×210mm
女性的生活方式/杂志
发行单位：主妇和生活社
AD、D：ohmae-d（整页）
P：tadaaki omori（封一）/ shinsaku kato（中扉页上）/
rieko oka（中扉页下）Styling:eriko suzuki（iELU）（封一）
Hair&makeup:kyoko fukuzawa（Perle management）（封一）

# 33

## 使用鲜艳的颜色在每个页面上都表现出独特的个性

　　使用红、黄、绿、蓝等鲜艳的颜色，能给读者留下深刻的印象。通过使用鲜艳的颜色，能明确地展示所介绍的物品，凸显每张页面的个性。此外，在照片周围铺上背景色或跟背景色同一系列的颜色，可以彰显照片的边界，使照片给人留下深刻的印象。将图版中的颜色用在版面上，既能彰显每个页面的个性，也能增强整体感。

使用鲜艳的颜色能使人印象深刻！

［鲜艳的颜色］
将需要介绍的物品分别排在每个单页上，并用鲜艳的颜色将每一页区分开，继而展现出每面单页的个性。

［不同颜色的搭配］
如果将与照片的背景色属于同一色调的颜色铺在照片周围，可以凸显照片的边界，从而给人留下较深刻的印象。

Men's JOKER
2015年4月号
294mm × 233mm

男性时尚/杂志
发行单位：KK Best sales
W：平格彦（pop*）　P：森龙进（makiura office）
DF：token design　模特：Takeshi Mikawai/Hideki Asahina

# 34

展现颜色的排版 3

## 使用不同的颜色将不同的主题区分开，以使信息易于阅读

灵活地使用颜色，是整理信息的方法之一。在本案例中，杂志版面是一张"跨页"，"跨页"上的4个主题用4种颜色区分开来。用不同颜色区分开的4列栏目框，使读者一眼就能辨认出。此外，使颜色鲜艳的栏目框稍微地倾斜，可以使杂志版面整体看起来颇具动感，避免使杂志版面过于单调、整齐，而是看上去更加欢快。

[ 通过颜色整理版面内容 ]
在"跨页"中，用不同的颜色区分不同的主题，借此可以梳理版面上的内容。这样，整个版面就能让读者一目了然了。

[ 欢快的动态感 ]
使颜色鲜艳的栏目框稍微地倾斜，可以使杂志版面整体看起来颇具动感，更加欢快，避免使杂志版面过于单调、整齐。

如果用颜色整理版面内容的话，能让读者更加容易理解！

**HOUYHNHNM Unplugged**
ISSUE01
296mm × 232mm

男性时尚/杂志书
发行单位：讲谈社BC
AD：西原干雄　D：游佐律子
I：Grace Lee（封1）/冲真秀（中扉页）

# 35

## 每个不同的主题都需要不同的颜色，通过改变杂志版面上的颜色来表现不一样的形象

从某种程度上来说，某个颜色会使人联想到某项事物，比如"蓝色"代表着大海，"绿色"代表着自然。在下面的杂志版面上，介绍了各种游乐设施。在介绍海洋类的页面中，应使用象征大海的蓝色；在介绍动物园类的页面中，应使用象征草原的绿色。通过颜色，令人联想与主题相关的内容，并将该颜色作为杂志版面的主题色在版面上展现出来。就读者而言，页面颜色的变化，也就意味着文章的内容也发生了变化。

[ 图符的颜色 ]
为了吸引读者关注图符，图符应使用与主题色相反的颜色，以使其醒目。

水族馆到底是什么样的地方？

[ 使用同色调的颜色以彰显整体感 ]
版面中的花边圆框使用了与主题色调相同的颜色。这样既能增强版面的整体性，又能增强版面的层次感。

[ 与主题相符的颜色 ]
为了与游乐设施的主题保持一致，应该使用统一的颜色。海洋类的就使用蓝色，动物园类的就使用绿色，尽量给孩子留下深刻的印象。

**春&GW Pia family**
跟孩子一起玩 首都圈版
297mm × 210mm

旅行指导/杂志书
发行单位：Pia

※ 本杂志刊载中的部分活动现已停止。

目录的排版 1

## 套环或者敏锐的印象影响媒体整体印象

下图中的目录个性鲜明，展现了该商业杂志的整体形象。通过出色地运用实线和虚线这两种形式的铅线，将以文字为主体的目录，分成了易于区分的几个部分。特刊中有两处西文标题，首先，将最想要突出的标题放大，以与其他的文字要素区别开，使现刊的标题能一眼就被认出。图版也与文字相搭配，同时天头和地脚也刚好留出一行的距离。

JAPAN

# Forbes

4
April

CONTENTS

COVER
photograph by Ko Sasaki
styling by Kazumi Horiguchi
hair & make-up by TOBOON@COCCINA

APRIL 2015 | FORBES JAPAN | 7

〔 醒目的西文字体 〕
当对西文和日文字体进行混合排版时，如果将西文标题放大，能更加凸显现刊的主题。

〔 实线和虚线 〕
左图中，类别和内容被分开，并搭配使用了实线和虚线。这虽然是一种很简单的排版，但是能将目录的内容以易于理解的方式表现出来。

〔 图版 〕
为了使横向排版的文字能被清晰地表现出来，图版应放在版面最下方。照片天头和地脚的大小应该统一，以使版面显得沉稳。

Forbes JAPAN　2015年4月号
276mm × 206mm
商业/杂志
发行单位：Atomix Media
DF：fairground

# 通过出色地对照片及文章标题进行排版引起人们的注意

就杂志等媒体而言，目录会吸引读者寻找到需要的内容。在本案例的目录中，现刊特集的标题使用最大号的字体。然后，再将不同的内容分级，用不同大小的字体来表现不同的内容。此外，长方形照片、圆形照片、截图等形状各异的图版与文字之间，应留有合适的空白以保持版面的平衡，继而起到用文章标题来吸引注意力的效果。

[ 分级 ]
内容不同，文字的大小可以分为大、中、小等几类。这样，就能将信息整理成易于理解的形式。

[ 图版的展示方法 ]
长方形、圆形和截图等多种类型的照片被均衡地排在版面上，起到了引导读者视线、吸引读者兴趣的作用。

日经男性的OFF　2015年4月号
280mm×210mm

商业/杂志
发行单位：日经BP社
AD：高多爱（目录）
D：菅野绫子（封面）

特刊上大字号的文字看起来好醒目！

商品目录的排版

# 在信息量大的杂志版面
# 清晰地展现商品目录

　　在介绍商品的广告单上，价格、商品型号等大量必要的信息都放在了售卖商品的商品指南上。信息量较大的杂志版面上，怎样整理版面上的内容，使其清晰易懂是非常重要的。在本案例中，使用绿色作为主色调，在杂志版面上增强了统一感。同时，使用与介绍商品卖点的说明文字一样的版式，也能够增强版面的整体感。将照片和文字分为主体和附属两种类别，使版面易于理解和阅读。

[ 样式 ]

本案例使用了相同的样式。虽然介绍的是不同的商品，但是因为使用了相同的样式，版面整体感还是很强的。

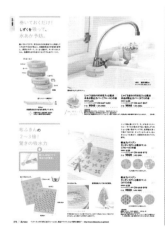

**Kraso**　2015年春夏号 FELISSIMO的杂货

294mm×210mm

生活/商品目录

发行单位：FELISSIMO

[ 分级 ]

视图中的主图、附图通过不同的大小区分开来，信息也梳理得很整齐，变得易于理解。

せるで、

&カバー作戦。
人に。

手ごわい油汚れ対策にはこのシート！コンロ前の壁に貼っておくだけで汚れをガードできます。2枚重ねなので汚れたシートをめくるだけでお掃除完了＆裏面貼り換える手間もナシ。イメージチェンジも楽しめます。

シートはコンロから15cm以上離してご使用ください。

**油汚れをガード**
めくるたびストーリー広がる
2枚重ねのキッチンガードシートの会

フェリシモコレクション番号 635
フェリシモコレクション番号 CN-608-347
月1回 ¥1,100（＋税 ¥1,168）

■素材／ポリプロピレン・ポリエステル、アクリル系粘着剤
■耐熱温度110℃
■サイズ／約縦48cm、横約90cm

**コンロの**
**ベトベト汚れ**
**敷いて簡単オフ！**

表面はシリコーンコート加工。
ちょっとした汚れをふきとりやすい。

ガスコンロの五徳の下に敷いて焦げつき汚れをガード！熱に強いガラス繊維素材でできた耐熱温度360℃のシートです。汚れたら取り換えるだけ。ベトベト汚れも一瞬でオフ、ゴシゴシめんどうなお掃除のストレスもオフ！

（じゃぐち）
やわらか素材だから折りたたんで簡単に捨てられます。

We Love Kitchen

たのしKAJI

家事がどんどん楽しくなる
キッチン作り！

── 家事が楽しくなる3ヵ条 ──

**01**
汚れにくい！
汚れる、におう、その前に、賢くガードを忘れるべからず。

**02**
洗い物を
快適に！
毎日使う小さなお役立ちグッズこそ、シンクまわりに欠かすべからず。

**03**
散らからない！
空間の有効利用がキーポイント。ちょこっとすき間も見逃すべからず。

## 39

折叠式传单的排版

## 提高购买欲的折叠式传单的版面

　　折叠式传单需要高效率地传递必要的信息。为此，充分利用折叠式传单特有的设计和各组成单元是非常重要的。传单的上半部分用带状物修饰，将必要的信息放在带状条里面，通过"白边字"和"爆炸框"这两种装饰引导视线，借以刺激消费者的购买欲望。将店铺的信息都放在传单上的同一位置，能够提高广告的便利性，这一点也是非常重要的。

[带状物]

带状物修饰是折叠式传单特有的设计。在这个部分，经常排上商标和销售期间的各种情报。

> 白边字、爆炸框，这些我都是第一次知道。

> 哦——

> 外面和里面有时也被称作 A 面和 B 面。

> 折叠式传单本身也有很多独特的规则。

**Maruetsu 折叠广告**

545mm × 765mm

折叠广告

SB：The Maruetsu,Inc.

[爆炸框]

爆炸框是折叠式传单上经常能看到的装饰。价格和照片铺在爆炸框的背景上，相当能吸引读者注意。

[ 白边字 ]

白边字是折叠式传单上经常能看到
的装饰性文字。该文字多用于表示
价格。在颜色纷杂的折叠式传单上，
白边字的可辨认程度较高。

[ 店铺消息 ]

店铺消息会被简明扼要地总结
在版面右端。为了方便读者，
每次排版时基本上都会排在同
一位置。

## 40

广告传单、海报的排版 1

## 以孩子照片为主图的充满活力的版面

以孩子为主图的页面，需要展现出健康和阳光的形象。在本案例中，一个健康阳光的孩子出现在照片中心，然后通过鲜艳的颜色来对版面进行构图。使用不同字号的文字，以及段首不统一的版式，能在版面上表现出动态。通过清晰地将照片和文字区分开，可以使读者舒缓地转变视线，使得想表现的内容能较容易地被传递。

[ 字体的选择方法 ]
给红色文字的边缘镶上一层绿边，能使文字显得阳光。不同的文字，采用了不同大小的字号，每段段首的空格长度也不一样，这样就能在版面上显示出动感。字体采用的是"DS-kirigirisu"。

[ 版面的分割 ]
版面被分为两个部分，左侧以照片为主，右侧以文字为主。照片能表现形象，文字能传递必要的内容，每个部分都能承载排版内容。

好欢乐！好健康！

与目标受众口味相符的排版。

### 运动俱乐部 NAS

257mm × 364mm

Flier
SB：运动俱乐部 NAS　CD：平野敦子（マックスヒルズ公司）/小林洋平（运动俱乐部 NAS）
D：金泽龙也（マックスヒルズ公司）　CW：佐藤大介（运动俱乐部 NAS）
DF：マックスヒルズ公司 Printing：Yaka

## 将标题和信息分成上下两部分的版面

　　版面被分成了两个部分，上边是标题和主图，下边是文字。版面的上半部使用的是吸引人眼球的圆形图片，这样能使读者一眼就知道广告的内容。然后，把想清晰表达的重要内容，简明扼要地放在版面下方。将内容分成不同的项目整理，通过不同的颜色和字号，将文字分级排版。

[ 吸引眼球 ]
排版时将标题放在圆形里，能起到吸引人眼球的效果。

[ 信息的展示方法 ]
价值和日期等重要的信息整合在了版面下半部。不同的项目用不同的颜色区分，按文字的重要程度使用大小不同的字号，这样就能较清楚地表达信息量较大的内容。

乘坐地铁出行的冬季之富良野　美瑛
297mm × 210mm
宣传单
SB：北海道旅游专线　D：沙金八重

圆形的标题好醒目！

好点子！
好点子！

好点子！
好点子！

广告传单、海报的排版 3

# 能增强版面整体感的颜色和分格

　　广告上半部的 2/3 被等面积地分成了 9 格，每个格中都放置了一张图片。

　　图片的形状、大小和主题都各异，但是因为每个方格的大小相同，整个版面看起来很有整体感。控制每个方格中的颜色数量，能加强颜色和文字的联系，继而表现出整体感。

[ 整体感 ]
图片的形状、大小和主题各异，但是却等面积地形成了九宫格构图，在版面上展现出了统一感。

[ 表现出动感 ]
虽然版面上的九宫格整齐地排列着，但有一处地方，图版越过了九宫格。这样，就改变了版面，并使版面富有动感。

[ 颜色的数量 ]
每一格内都可以使用不同的颜色，控制颜色的数量，通过增强与文字的关联性，能有更好的总结版面内容的效果。

小津安二郎的图像学

257mm × 182mm

Flier
SB：东京国立近代美术馆照片中心
D：村松道代（TwoThree）　P：大谷一郎

## 不使用照片等图片素材，将文字作为主图

　　使用令人印象深刻的字体，并经过排版，能使展览会的标题本身在版面上成为主构图。以手帕的形状为原型，构图简单，同时为增加版面层次感，以红色作为点缀，给人留下了深刻的印象。也就是说，在纸面上通过出色地使用文字、抽象的形状和颜色来构图也是排版的方法之一。

東京ミッドタウン・デザインハブ 第44回企画展
JAGDA やさしいハンカチ展 Part3

被災地からの

ことばのハンカチ展

Graphic Handkerchiefs

"Tohoku Messages"

東北の商店街で復興を支える方々の「言葉」をハンカチにデザインしました。

[ 字体和排列方法 ]
活动标题使用的是一种令人印象深刻的字体（调整过空间布局的"小号黑体字"），通过在版面中表现出动感，来达到吸引读者视线的目的。

[ 控制对颜色的使用 ]
虽然只使用了3种颜色，但是版面中的红色也因此更加显眼，使版面更有层次感。

[ 总结信息 ]
将需要传递的信息，清楚地、准确地展现出来是很重要的。在本案例中，活动的开展日期和场所都整理在了版面的下半部分，并让人易懂地表现出来。

2014 年 1 月 20 日 月 → 2 月 23 日 日

東京ミッドタウン・デザインハブ[ミッドタウン・タワー5F] 11:00～19:00 会期中無休 入場無料
主催 東京ミッドタウン・デザインハブ 企画・運営 公益社団法人日本グラフィックデザイナー協会(JAGDA)
Tokyo Midtown Design Hub 44th Exhibition
JAGDA Handkerchiefs for Tohoku 3: Messages from Tohoku
Dates: Monday 20 January - Sunday 23 February 2014, 11am-7pm (open everyday / admission free)
Venue: Tokyo Midtown Design Hub (Midtown Tower 5F)
Organised by Tokyo Midtown Design Hub Produced by Japan Graphic Designers Association Inc

DESIGN HUB

JAGDA

即使没有照片，版面看起来也是酷酷的！

汪汪！

JAGDA温情手帕展 Part3 来自受灾地的寄语之手帕展

297mm × 210mm

Flier

CL：公益社团法人　日本graphic设计者协会

AD，D：room-composite　DF，SB：Room Composite

广告传单、海报的排版 5

## 文字与主体照片颜色相搭配，且向中间对齐的构图

广告传单和海报上的照片能第一时间吸引读者的视线。使用跟照片温暖的色调相符的有色文字，能将人们的视线自然地吸引到文字上。当将目标读者锁定为老年人时，易读和容易理解是非常重要的两点。朝中央对齐的构图，因为简单而有安定感，让人感受到了版面的沉稳，且易于阅读。

[ 照片的张弛 ]
附图被排在了海报的下半部分，版幅比主图小。作为主体的照片被大胆地在版面上放大，从而使版面显得张弛有度。

[ 与照片相搭配的颜色 ]
主照片的颜色是秋天的色调，使用与主色调相搭配的色调，对文字内容进行排版。因为具有整体性，版面看起来较为沉稳。

照片边缘的搭配也很可爱。

[ 朝中央对齐 ]
朝中央对齐的构图既简单又有种安定感，虽然这是一种较基础的版式，但能表现出何种美感，就要看编辑的手艺了。

细节也要注意到！

人生、多彩
257mm × 182mm
Flier
SB：《人生、多彩》制作委员会　D：奥村香奈
P：久保田智　I：浅见HANA　Printing：北斗社

# 通过能刺激人购买欲的照片
# 来吸引读者

本案例是一份把看起来很好吃的照片作为主图的海报。在食物和饮料的商品广告中，会经常使用能激起人们食欲和购买欲的照片。在本案例中，两张背景颜色鲜艳的点心照片，通过裁剪突出了要表现的形象。海报中，横向的商品名也跟裁剪后的照片相搭配，使文字看起来很欢快。

［文字的组合］
虽然文字的排列并不规则，但还是能让人感受到节奏，在版面上展现出了一种令人激动兴奋的感觉，给人留下了一种欢快的印象。

［令人印象深刻的截图］
左图是一张令人印象深刻的截图，这张截图凸显了作为版面主体的商品。颜色丰富的背景能提高读者对商品的购买欲。

看起来好吃会激发人的购买欲哦！

Floresta Donuts　Sundae
594mm × 841mm
海报
CL：Floresta　AD、D、SB：近藤聪

## 装订的种类

　　精装本和平装本是两种具有代表性的装订方式，在放有芯纸的中间部分粘上一层较大的封皮称为"精装本"，有时也被称为硬皮本。将没有芯纸的封皮包住后，将除了背面以外的三边（天部、地部和小口）裁剪后就成了"简装本"，也称为软皮本。

　　一般情况下，选择"简装本"是因为装订成本较低，很多杂志和书籍都采用这种装订方式。"精装本"图鉴和面向孩子的绘本以长期阅读为前提。

 **精装本和简装本**

精装本

豪华本、全集和美术书等书籍多采用精装本装订，也称为硬皮本。

简装本

简装本的成本相对较低。"新书"和文库等书籍常使用简装本。也称为软皮本。

**其他的装订方式**

仿法式装订

不使用精装本的芯纸，仅将封皮折叠。

厂形封皮也叫法式封皮

书本被封皮包裹，封皮朝小口一侧折叠的半装订方式。

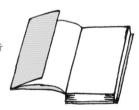

**精装本的种类**　　除了法式装订、厂形封皮等装订方式以外，根据书脊部分加工方式的不同，精装本可以分为以下几种：

[方背]
也称为硬背或紧背，虽然很结实，但不太适合页数较多的出版物。

[方背假脊]
方背的一种，为了便于打开书本，封皮和书背之间留出了一条书脊。

[腔背]
为了让读者在打开书本的时候比较容易，腔背是一种能让书背保持柔软性的装订方式。

[带槽圆脊]
跟腔背相同，带槽圆脊也有同样柔软的书背，在封皮上也设计了易于翻开的书脊。

[带槽方脊]
精装本和平装本的折中版本。带槽方脊的封皮用厚纸，书背再特别制作。

## 书本的装订方式

印刷书本时，是在一张大纸上印上好几张单页。将其折叠的部分被称为"折页"。通常 16 页、8 页等由 4 的倍数组成的页面称为一叠。将几个折页装订在一起，就能装订成整本书。下面将介绍装订书本的主要方法。因为各种各样的原因，当装订成书时，书本的打开方法和耐久性也是有差异的。根据页数的不同，装订方式的选择也应该不同。

[骑马订]
将折好的折页朝背面折叠，并用钉子装订。这种方式可以用于较薄的杂志上，整本书就能大面积地摊开。

[平订]
通过用钉子将折页贯穿装订，可以增强耐久性，但打开页面会相对不方便。

装订的方式不止一种。

[线装]
将单个折页用线串好，然后将整体用线装订起来。这样装订耐久性好，适合页数较多的书本。

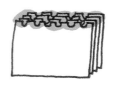

[胶装]
将折页的背侧打上孔，通过让胶水流进这些孔内来装订，这种装订方法能使书本更加耐久。

[无线胶装]
在折页背侧的切口里倒入胶水，跟胶装相似。

## 装订的方法和订口的关系

书本的装订方式和排版时在订口一侧留下的空白有很密切的关系。能大面积打开页面的装订方式，留白就要少一点；不需要大面积打开页面时，留白就必须留得很宽。下图总结了装订方式和留白的关系。在排版的时候，可以以下图作为参考。

订口一侧的留白要稍微宽一些！

[平订]
采用平订的方法，虽然使得订口一侧较为结实，但也使得杂志版面无法大面积展开，因此订口处的留白要一些。

订口一侧的留白窄一些也没关系！

[骑马订]
因为杂志版面能较大地展开，订口一侧的留白宽一些或窄一些都不会影响阅读。

订口一侧的留白较宽！

[无线胶装胶装线装]
杂志和书籍经常会使用胶装和线装。这两种装订方式往往会在订口一侧留下较宽的空间。

在对文章进行排版时，除了平假名、片假名、字母、数字以外，也会使用大量的符号。符号有时也被称为"约定符号"。用于表示文章断句的符号，称为断句符号。文章中的会话、引用和所强调语句中的开头和结尾都会使用括号类的符号。这些符号有各种各样的作用。此外，标题和小标题等也是排版设计中经常使用的要素。这里，我们将介绍具有代表性的符号。

标记符号

| 符号 | 名称 |
| --- | --- |
| ※ | 星号 |
| ＊ | 星号 |
| ＊＊ | 三星符 |
| ★ | 黑星符 |
| ☆ | 白星符 |
| ◯ | 圆形符 |
| ◯ | 粗圆形符 |
| ◎ | 双层圆形符 |
| ◉ | 圆中点 |
| ⊙ | 同或 |
| ● | 黑色圆形符 |
| ■ | 黑色四角符 |
| □ | 白色四角符 |
| ▲ | 黑三角符 |
| △ | 白三角符 |
| ◆ | 黑菱形符 |
| ◇ | 菱形符 |
| 〒 | 邮政符号 |
| # | 井号 |
| † | 剑号 |
| ‡ | 双剑号 |
| § | 章节号 |
| ‖ | 平行符号 |
| ¶ | 段落符号 |
| ° | 度数 |
| ' | 单引号 |
| " | 双引号 |
| √ | 对钩 |
| = | 等号 |
| ♪ | 音符 |

单位符号

| 符号 | 名称 |
| --- | --- |
| m | 米 |
| m² | 平方米 |
| m³ | 立方米 |
| g | 克 |
| t | 吨 |
| l | 升 |
| A | 亩 |
| W | 瓦特 |
| V | 伏特 |
| cal | 卡路里 |
| h | 小时 |
| min | 分钟 |
| s | 秒 |
| Hz | 赫兹 |
| p | 兆分之一 |
| n | 毫微 |
| μ | 百万分之一 |
| d | 十分之一 |
| da | 十倍 |
| h | 百倍 |
| k | 千倍 |
| M | 百万 |
| G | 十亿 |
| T | 千亿 |

声调符号

| 符号 | 名称 |
| --- | --- |
| á | 尖音符 |
| à | 重音符 |
| â | 抑扬符号 |
| ã | 波浪号 |
| ă | 短音符 |
| ä | 分音符 |

数学符号

| 符号 | 名称 |
| --- | --- |
| + | 加号 |
| − | 减号 |
| × | 乘号 |
| ÷ | 除号 |
| = | 等号 |
| ≠ | 不等号 |
| < | 不等号（小于） |
| > | 不等号（大于） |
| ≡ | 全等 |
| Π | 圆周率 |
| √ | 平方根 |
| Σ | 西格玛符号 |
| ∫ | 积分符 |
| ∞ | 无限大 |
| ∴ | 所以 |
| ∵ | 因为 |

其他类别的符号

| 符号 | 名称 |
| --- | --- |
| ℃ | 摄氏度 |
| % | 百分比 |
| ‰ | 千分比 |
| @ | 艾特符 |
| ¥ | 元 |
| $ | 美元 |
| ¢ | 美分 |
| £ | 英镑 |
| € | 欧元 |
| ® | 注册商标 |
| ™ | 商标 |
| © | 版权符号 |
| I II | 罗马数字（大写） |
| i ii | 罗马数字（小写） |
| ①② | 圆形中的数字 |
| (1)(2) | 带括号的数字 |
| (a)(b) | 带括号的字母 |
| ♥♠ | 省略符号 |
| ㈱ | 省略符号 |

哦！

| 符号 | 名称 | 使用方法 |
|---|---|---|
| 、 | 顿号 | 阅读文章时需要停顿的时候，以及需要单独成句表达意思的时候，顿号可以用来表示停顿。几句话并排的时候，逗号可以用来分句。数字每隔三位数，可以用顿号隔开 |
| 。 | 句号 | 表示文章断句和终止时，可以使用句号。顿号和句号虽然搭配使用，但像图解一类的文字，文章末尾处的句号常会省略 |
| ， | 逗号 | 当文本是西文，且横向排版时，逗号会被当作顿号使用。三位数以上的数字和西文中，有时也会使用逗号 |
| . | 英式句号 | 当文本是西文，且横向排版时，该符号会和逗号搭配，被当成句号使用。在西文中，该符号会被当作终止符使用 |
| · | 间隔符 | 当有好几句话在列时，该符号可以用来断句。外国人的姓氏和名字，以及地名等固有名词，都可以用这个符号断开 |
| : | 冒号 | 主要在西文中使用的断句符号。与逗号和英式句号相比，可以在前后句联系较明显时使用。在日文中，也使用这个符号 |
| ; | 分号 | 该符号与冒号一起，是主要在西文中使用的断句符号。跟冒号相比，可以在前后句联系较明显时使用。在日文中，基本上不使用这个符号 |
| ' | 单引号 | 该符号主要在西文中使用。这个符号表示对名词所有格和语句的省略。该符号也可以用于表示对年代年份的省略 |
| ! | 感叹号 | 在日文和西文中，都会使用该符号。在表示强调、惊讶、感叹和感动等等感情时，在文章末尾可以使用该符号。为表示强调，连续使用两个感叹号的情况也有 |
| ? | 疑问号 | 在日文和西文中，都会使用该符号。该符号使用在疑问句和反问句的句尾。在表达不可思议的感觉时，可以使用这个符号 |
| ?! | 惊叹号 | 为同时表示疑问和惊讶时，在文章的末尾使用这个符号 |
| ! | 斜体感叹号 | 跟感叹号相同，但主要在日文中使用 |

| 符号 | 名称 | 使用方法 |
|---|---|---|
| （　） | 括号 | 将对文章、语句等进行的解说和补充，以及数字编号等内容和其他的文章相区别时使用。数学算式中也会使用括号 |
| （（　）） | 双括号 | 若括号中的内容也包括了括号，此时应用双括号代替原文中的单括号 |
| 「　」 | 方括号 | 文章中，表示会话开始和结束时使用这组符号。将想引用和想强调的语句与文章的其他内容区别时，可以使用 |
| 『　』 | 双方括号 | 用来表示引文、参考书目和杂志等内容时使用（论文等的题目用方括号表示）。如果方括号当中的内容包括方括号，双括号可以用来代替其中的方括号 |
| 〔　〕 | 中括号 | 括号中的内容，如果还包括括号，或是想在内容中插入解说、注释，可以使用该符号。主要在纵向排版中使用该符号 |
| ［　］ | 方括号 | 在表示发音和注释等的语句时，可以使用这些符号。在算式中也会使用这个符号 |
| ｛　｝ | 花括号 | 将两个以上的项目框在一起时使用，数学算式中也会使用 |
| ＜　＞ | 尖括号 | 当想强调某些内容的时候使用，表示引用时使用 |
| 《　》 | 双尖括号 | 在尖括号里的内容中，如果还有需要使用尖括号的内容，就可以使用双尖括号 |
| 【　】 | 实心括号 | 经常用于强调语句，会在标题中使用 |
| '　' | 单引号 | 相当于方括号和括号。西文中会使用前者，横向排版的日文会使用后者 |
| "　" | 双引号 | 相当于双方括号，当西文横向排版时会使用该符号 |
| ˮ | 英文右双引号 | 在纵向排版的日文中，该符号用于想强调和引用的句子。有时该符号也会用于代替双方括号 |

| 符号 | 名称 | 使用方法 |
|---|---|---|
| - | 连字符 | 主要用于西文当中，当几个句子连接在一起同时出现时，在其中间可以放入连字符。在每行末尾，如果有单词因转行被分隔也，也要可以用连字符将其连接 |
| – | 两分破折号 | 表示数字和时间的范围时，可以用该符号连接单词，形成复合单词 |
| — | 一字线 | 当要表示意思的转折，或是要插入语句时，可以使用该符号。在日文和中文中，主要使用双倍破折号 |
| —— | 破折号 | 当要表示意思的转折，或是要插入语句时，可以使用该符号 |
| ~ | 波浪号 | 跟破折号相比，该符号表示转折的意思较弱，强调语句的意味也较弱。在表示会话内容的文章中，在表达感情时也会在句子末尾使用 |
| … | 三点省略号 | 文章中省略的部分，和表示文章中间插入的内容时，可以使用这个符号。基本上会一次连续使用两个 |
| ‥ | 两点省略号 | 跟三点省略号意思相同，但现在不怎么使用 |

# 索引

按字母顺序排列

Original Japanese title: Designer's Handbook: Layout
Originally published in Japanese by PIE International in 2015.

PIE International
2-32-4 Minami-Otsuka, Toshima-ku, Tokyo 170-0005 JAPAN

© 2015 PIE International
Illustrations © Noda Yoshiko

版权贸易合同登记号 图字：01–2016–7240

**图书在版编目（CIP）数据**

跨平台的视觉设计：版式设计原理 / (日) 佐佐木刚士, (日) 风日舍, (日) 田村浩著; 姜早译. — 北京：电子工业出版社, 2017.7

ISBN 978-7-121-31135-2

Ⅰ.①跨… Ⅱ.①佐… ②风… ③田… ④姜… Ⅲ.①版式—设计 Ⅳ.①TS881

中国版本图书馆CIP数据核字（2017）第057516号

责任编辑：张艳芳
特约编辑：刘红涛
印　　刷：北京利丰雅高长城印刷有限公司
装　　订：北京利丰雅高长城印刷有限公司
出版发行：电子工业出版社
　　　　　北京市海淀区万寿路173信箱　　邮编：100036
开　　本：720×1000　1/16　印张：8　　字数：230.4千字
版　　次：2017年7月第1版
印　　次：2023年7月第15次印刷
定　　价：69.90元

参与本书翻译的有：王利群、陈妍、张婷、宁敏、张楠、李静、金鹏。

凡所购买电子工业出版社图书有缺损问题，请向购买书店调换。若书店售缺，请与本社发行部联系，联系及邮购电话：（010）88254888，88258888。

质量投诉请发邮件至zlts@phei.com.cn，盗版侵权举报请发邮件至dbqq@phei.com.cn。
本书咨询联系方式：（010）88254161～88254167转1897。